苹果标准果园生产全程机械化技术

田 旭 许 宁 卢传兵 著

中国农业科学技术出版社

图书在版编目(CIP)数据

苹果标准果园生产全程机械化技术 / 田旭，许宁，卢传兵著. --北京：中国农业科学技术出版社，2023.7（2024.12重印）

ISBN 978-7-5116-6336-8

Ⅰ.①苹… Ⅱ.①田…②许…③卢… Ⅲ.①苹果-机械化栽培 Ⅳ.①S661.1

中国国家版本馆 CIP 数据核字(2023)第 120846 号

责任编辑 姚 欢
责任校对 王 彦
责任印制 姜义伟 王思文

出 版 者 中国农业科学技术出版社
北京市中关村南大街 12 号 邮编：100081
电 话 (010) 82106631（编辑室） (010) 82109702（发行部）
(010) 82109709（读者服务部）
网 址 https://castp.caas.cn
经 销 者 各地新华书店
印 刷 者 北京建宏印刷有限公司
开 本 140 mm×203 mm 1/32
印 张 4
字 数 100 千字
版 次 2023 年 7 月第 1 版 2024 年 12 月第 2 次印刷
定 价 28.00 元

《苹果标准果园生产全程机械化技术》

编 委 会

主　著：田　旭　许　宁　卢传兵

副主著：宁宇迅　任　强　宋裕民　张宏建
尤书国　赵云福　张春林　王洪斌
曲诚怀

参　著：许海军　李艳红　毕远东　孟庆山
牛萌萌　张　泉　林　倩　吴　凡
郭　娜　王　雪　李　岩　毛　岩
赵丽华　周俊勇

编写单位：
烟台市农业技术推广中心
山东省农业机械科学研究院
山东农业大学

序　言

苹果是一种营养价值高、经济效益好的水果，在我国作为经济作物栽培已经有150年的历史。目前，我国已经成为世界第一大苹果生产国。苹果产业的高质量发展对于促进我国乡村振兴，实现农业农村现代化具有重要意义。随着数字经济时代的到来，必须准确把握苹果产业发展趋势，“大力推进农业机械化、智能化，给农业现代化插上科技的翅膀”，逐步实现基于新一代信息技术的标准化建园、机械化作业、智能化管控和集约化生产，有效解决制约我国苹果产业发展的劳动力减少、经济效益下降等突出问题。

我国苹果现有渤海湾、西北黄土高原两个优势产区，还有黄河故道、西南冷凉高地和新疆等特色产区，空间分布极广。因此以“智慧果园”建设为统领的标准化建园、机械化作业、智能化管控和集约化生产是一个系统工程，必须考虑苹果品种特性、立地条件和机艺融合，才能因地制宜，获取优质安全产品和经济社会效益，同时兼顾环境优化和可持续发展。实现上述目标的关键在于突破苹果生产机械化、智能化关键技术，研发面向我国不同产区实际需求的机械化、自动化和智能化作业装备，以“机械化”+“智能化”的方式，最终实现“机器换人”。

本书作者在我国较早开展了苹果生产全程机械化技术的研究，在集成国内外相关技术装备成果的基础上，他们博采众长，编写了《苹果标准果园生产全程机械化技术》。本书不仅详细介绍了苹果标准果园生产全程机械化技术，涵盖了由标准化建园、种植到机械化管理、采收等各个环节，还面向下一步智慧果园建设，重点介绍了果园智能化生产相关技术与装备。作者在介绍各种果园生产技术装备的基础上，还针对不同作业情况提出了技术要求与操作建议，使得读者能够更好地理解和应用相关技术装备，从而提高生产效率和作业质量。

最后，我要向本书作者表达由衷的敬意，正是他们的辛勤努力和创新探索，本书才得以呈现给大家。相信本书的出版，可以进一步推动苹果标准果园生产早日实现全程机械化、智能化，为广大苹果生产从业者提供技术和装备支撑，从而促进我国苹果产业的绿色高质量发展。

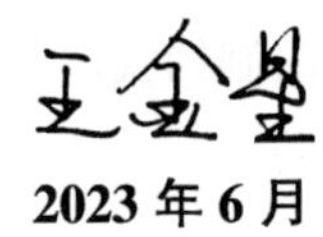

2023 年 6 月

前　言

苹果标准化种植可以确保苹果生长环境、栽培技术和管理规程的统一，从而提高苹果的产量和质量。通过统一的标准化操作，能够更好地控制病虫害、营养供给和灌溉管理等因素，减少不良因素的影响，提高果实的品质，提升产业竞争力。苹果生产全程机械化应用可以大大提高生产效率，保证产品质量，减轻劳动强度，节约资源和成本，改善生态环境，对于果园经营的可持续发展和现代化水平的提升都具有重要的意义和推动作用。

本书共五章内容，分别从苹果标准果园建设与生产技术规程、果园生产机械化技术现状、苹果生产全程机械化技术、果园生产典型作业机械、智慧果园信息化技术 5 个方面进行了全面而系统的介绍。本书立足当前苹果产业发展需求，结合长期一线果园装备推广应用实际，兼顾未来智慧果园创新发展趋势，总结提出了具有指导意义的技术方案，具有很强的实用性。

科技赋能助力乡村振兴，在遵循传统农耕的自然规律和精髓的前提下，大力推进果园生产全程机械化，是发展现代果业的重要物质技术基础和实施乡村振兴战略的重要支撑，在推动农业提质增效、实现农民增收、加快农业现代化发展等方面有着重要意义。本书承载着全体著者的农业情怀，愿为广大果园种植从业者提供一点实际帮助，为苹果产业发展提供一份助力，为我国标准果园生产全程机械化技术发展提供一些参考。

本书由烟台市农业技术推广中心田旭、卢传兵和山东省农业机械科学研究院许宁担任主要著者，具体分工如下：第一章、第二章主要由田旭负责撰写，第三章主要由卢传兵负责撰写，第四、第五章主要由许宁负责撰写，全书由许宁负责统稿工作。

此外，由于农业机械类型多种多样，新型农业机械繁多，受内容所限未能逐一介绍，限于著者水平有限，书中难免有不妥之处，敬请读者批评指正！

著者

2023 年 6 月

目　　录

第一章　苹果标准果园建设与生产技术规程

我国是全球苹果生产第一大国，苹果在我国农业生产中具有重要地位，是农业经济发展的重要组成部分。随着我国乡村振兴战略实施的不断深入，我国苹果产业面临着前所未有的发展环境、机遇与挑战。一方面，苹果产业成为我国农业结构调整、供给侧结构性改革、脱贫攻坚、增加农民收入等方面的主导产业；另一方面，绿色发展、提质增效、业态融合也对苹果产业提出更高的要求。

我国苹果品种以富士系为主，元帅系、秦冠系、嘎拉系、红星系以及国光系等品种为辅。目前，富士系占市场份额的69.6%、元帅系占9.2%，秦冠系占6.8%，嘎拉系占6.3%，红星系等其他品种占8.1%；苹果晚熟品种比例近80%，中熟、中晚熟品种占19%，早熟品种不足1%。

我国苹果产地十分广泛，但概括来说可以分为四大产区。

渤海湾苹果产区、西北黄土高原苹果产区、黄河故道和秦岭北麓苹果产区及西南冷凉高地苹果产区。

渤海湾苹果产区，该产区包括胶东半岛、辽宁、京津冀等地，是中国苹果栽培最早、产量和面积最大、生产水平最高的产区，最具代表性的是山东烟台苹果。

西北黄土高原苹果产区，包括陕西渭北地区、山西晋南和晋中地区、河南三门峡地区和甘肃的陇东地区，最具代表性的是陕西洛川苹果。

黄河故道和秦岭北麓苹果产区，主要包括河南、山东西南部、江苏和安徽北部苹果种植区，最具代表性的是河南灵宝苹果。

西南冷凉高地苹果产区，主要包括川西地区、云南东北部、贵州西北部以及西藏南部的一些地区，最具代表性的是云南昭通苹果。

相比来说，北方地区更适合种植苹果，苹果生长在排水性良好，光照充足，昼夜温差较大的地方，颜色更好看，甜度也更高。

目前，苹果产业结构更趋合理，生产区域化、基地化更加突出。但是，果园的生产管理大多数仍停留在传统经验式的基础上，在标准化种植、精细化管理、机械化应用方面仍然存在诸多不足，这主要与我国果园的规模特点有直接关系，主要归纳为以下几点：①果园生产上仍以小型分散的农户经营形式为主；②果园分布自然条件各异，我国果园地势多样，丘陵、山地、梯田、平原地分属于不同的园地类型，而且土壤结构也呈多样性，分别有壤土、砂土、黏土等，甚至耕土中夹杂许多石块，土层薄、干旱，不仅影响作物生长，而且生态环境脆弱，更容易恶化，影响植被生长；③果树种植年份久远且疏于修剪，果树大部分为中老年树，且树龄多在10~23年，即使有少量的新建果园，等其成为生产期的果树还要等上几年，所以整体果园仍处在新树未成老树产量不高的过渡期；④果树种植形式各异，我国果树种植形式因地理位置不同而规格不同，大部分果园内空间狭小，一般不会在果树间套种作物；⑤树形影响，传统果园都以乔砧化普通型品种稀植为主，树形投影到地面面积较大，高度达3.5~4.5m，行间作业距离短，有的甚至基本没有，为0~1.5m。以上这些老园或是以老园为基础修整的果园都与现代苹果标准园的作业要求有很大的差距和不同。标准园属于矮砧密植园，在密植情况下，树冠之间只保留行间距，不保留株间距，因此作业空间较大，有利于机械装备的应用。

一、苹果标准果园的指导思想

果业现在和今后一段时间仍将是我国农民致富的支柱产业，随着农村劳动力的逐渐减少和老龄化，“农业的根本出路在于机械化”的论断更加显得重要和正确，为此，围绕果园种植机械化，发展省工省力高效现代果业生产已成为必然，而现代化苹果园建设的一个重要标志就是“八化”。

（一）规模化

果园除草、喷药、施肥、浇水、修剪、采收等必须实行机械化，而机械化必须有一定的规模，就目前来讲，要求不低于50亩，且成方连片，也保证了规模效益，规模越小越不利于机械化。

（二）矮密化

宽行矮化密植是现代果业生产的基本要求，树体要小、干要挺、级次要低、横径要窄、栽植要密、行要宽，这样的树体结果早产量高、易管理。适合胶东地区的矮化苹果品种有：在M9、M26、M9T337的中间砧或自根砧上，嫁接优系富士、烟富3中的优良品种、授粉树金都红等。行株距5m×（1.5～2.5）m，利于机械操作，要进行立架，2道不锈钢铁丝或高塑料丝，10～15m一根水泥杆，每株一根竹竿或不锈钢管，树体要求干粗而挺，侧枝垂而细。

（三）无堰化

果园不设地堰，便于由省工省钱的统防统治队伍进行机械喷药和管理等，防止靠地堰行无法机械喷药。不论是平地还是坡地、山地都不能有地堰，但必须起垄栽培。一般垄宽1.5～2.0m，高30～40cm，这样平地利于排涝，坡地、山地可防止水土流失。注意建园时土层不应低于60cm，有机肥2 000～3 000kg/亩（1亩≈667m^2），为根系良好生长和树体健壮提供基础保障。

（四）路网化

为了便于机械化，必须留好作业路，4m宽，最好硬化，纵横交错，形成四通八达的路网，进出方便。

（五）水肥一体化

水肥一体化就是浇水施肥一体机械化，我国苹果园一般采用微喷，每株一个喷头，肥料溶在储水罐中，实现自动配比和喷施，不再用更多的劳力，还节水60%以上，但需要注意过滤，防止堵塞喷头。

（六）地毯化

为了减少水土流失和杂草丛生，最好树下顺栽植行铺设毡毯，不超过1.2元/m^2，可以使用5～6年。

（七）植被化

行间生草或覆盖植物秸秆，可增加土壤有机质，是壮树增产提质增效的基础。

（八）无害化

农药残留已成为消费者衡量果品质量高低的重要因素，因此，应优先采用杀虫灯、粘虫板、性诱剂等无害化的防控技术，逐步推广使用波尔多液、石硫合剂等无机杀菌剂和新型生物农药。

二、苹果标准果园生产技术规程

（一）土壤治理

1. 土壤改良

（1）平地建园。提倡实行高畦栽培。畦宽 2m，高 20~30cm，要结合高畦的建立对土壤进行改进，每亩施用 2 000~3 000kg有机肥并深翻，也可每亩施用 3 000kg的农作物秸秆或杂草，并配合施用 120~140kg 纯氮量的速效氮肥，掺土拌匀，浇足水。

（2）丘陵山地建园。需对土壤进行开沟深翻，并施足有机肥，也可以草代肥。一般挖定植沟深 0.4~0.8m（台畦者应浅），宽 1m，要使沟向按排水方向有一定的比降，开沟时应生土和熟土分别放置。

回填时应注意：一是不要打乱土层，即生土仍置于下面，熟土放在上面；二是要结合有机肥料，如厩肥、作物秸秆、树叶等；三是回填后要浇大水沉实，以备栽植。

2. 土壤管理

提倡“台畦双沟+覆盖生草”土壤管理模式。

（1）台畦双沟。以树行为中心，距树行 1m 左右打起垄成台畦，形成直径约 2m 的树盘，通过起垄作畦形成树盘的地面要明显高于行间地面，二者高度的差异一般在 20~30cm。同时，在台畦中间沿树行打一畦背，形成台畦双沟的模式。这样既能增加树盘土壤熟土的厚度，又能做到雨季及时排涝，旱天沟灌节水。

（2）覆盖生草。在畦上进行覆盖，行间生草，可创造良好稳定的根际环境，防止根系温度与湿度变幅过大。覆草厚度一定不可过厚，尤其是雨季。

3. 定植管理

（1）采用优质“大苗”建园。即要用品种优良纯粹、砧木类型正确、苗木粗壮、根系发达的“大苗”。只有良种良砧良法配套，才能产生良好的经济效益。

（2）选用合理的栽植密度。标准苹果园行距 4~5m，株距 3~4m，每亩栽植 67~110 株。

（3）搞好授粉树配置。在选择好主栽品种的同时，还要慎重地选择授粉品种，因为主栽品种与授粉品种要长期共生，所以必须考虑两个品种的亲和性、经济性。

（4）确定合理的栽植深度。对于普通苗木的乔砧苗木，其栽植深度与苗圃的深度要一致。栽植 M 系中间砧矮化苗木时，可采取“二重砧”的栽植方式。具体栽植深度为中间砧约 2/3 处，在封冬前，要在树行上打一畦背，把矮化砧局部用土盖上。这样既可防止栽得过深影响生长，又能防止冻害。

4. 栽前苗木处理

（1）清水浸泡。一般在苗木的调运贮存过程中，有可能出现苗木失水现象，为了提高成活率，栽前要用清水浸泡至少 24h。

（2）按大小分级。苗木再好，栽时也要按分级的大小成行定植，这样便于管理。

（3）根系和嫁接口的处理。及时剪除病伤根系，并用药剂处理；剪除嫁接口的干橛，并用杀菌药剂及时涂抹处理。

5. 栽后管理

（1）及时浇水。栽后及时浇水是保证成活的重要措施，为了防止浇后树歪，可在根部培一土堆或用竹竿进行支撑。

（2）栽后定干。应根据树种确定合理的定干高度，要在饱满芽处短截，使该行的定干高度大体一样。

（3）搞好病虫害防治。

（4）进行晚秋、早春涂白。这是确保成活不可缺少的重要技术措施。

（二）肥水管理

1. 增施有机肥

果实采收后及时施足基肥，按照斤果斤肥的标准，施用优质动物源肥料（鸡粪、羊粪），也可按每 100kg 果实 10~12kg 饼肥的标准施用优质植物源肥料，或每亩可施优质基肥 3 000~5 000kg，施肥后浇足水。在使用时要土粪混合以后再施入，开深 30~40cm 的沟或穴，集中改进或局部改进，每年轮穴换位。

2. 土壤追肥

在根据果品产量施足有机肥的基础上，科学地进行土壤追肥做到平衡施肥，提倡加大有机肥的使用量，推广落实配方施肥，重视N、P、K及微量元素配合使用。N、P、K、B、Zn、Ca等均宜早春或晚秋施用。根部追肥不提倡撒施，要沟施（15~20cm），施后马上浇水。需要水把肥分运到各个部位。地越湿，施用量越大，越要及时浇水。一定不要在果树休眠期进行施肥。

幼龄树应在秋季及花后分次进行。结果树采收后结合秋施基肥及花期前后、春梢停长期、果实膨大肥（采前一个月）等分次进行。

3. 叶面追肥

叶面施肥可以防止土壤固定，且树体吸收速度快。全年叶面喷肥5次以上，可结合果园喷药进行。发芽前喷一遍尿素，缺Zn、B的果园，加上硫酸锌或硼砂；萌芽到开花可以喷氮（尿素、碳酸氢铵等）、硼肥；花后要喷氨基酸钙、磷酸二氢钾等，及时喷钙减少裂果现象。

4. 及时浇水

早春发芽前和开花前浇水2~3次，入冬前灌封冻水1次，雨季及时排水。

（三）花果管理

1. 花期授粉

（1）人工授粉。为提高坐果率，积极落实人工授粉工作。花期采用人工点授和鸡毛掸子抹授等方法。

（2）壁蜂授粉。积极推广果园放蜂技术。每亩放壁蜂150~200头。果园用药时，要注意保护壁蜂的安全。

2. 疏花疏果

（1）疏花。嘎拉等部分品种易成花，而且花序坐果率高，疏花要早，先疏除腋花芽花序，再疏除所有的边花边果。

（2）疏果。也要抓“早”，花后7天花萼竖起开放。旺枝多留，弱枝少留或不留。结果枝、叶丛枝叶片数多者留，少者去。严格选留中心果，合理负载，利用强健中短枝结果，提高果实商品率。

3. 果实套袋

（1）选用优质果袋。选用品牌厂家生产的标准统一、规格一致、内袋为红色蜡纸的优质双层纸袋。

（2）采用全套袋技术，进行果实套袋。胶东地区一般在6月上旬套袋，注意配套综合措施。果实套袋要在立地条件好、树体构造良好、树势强健、合理负载的树上进行。有露水、雨水不能套，打药后不能马上套，需3天以后再套。5—6月是日烧病的主要时期，要在降雨以后或浇水以后再套。根据天气预报，天好再套、再摘。

4. 摘袋后管理

苹果采收前2~3周摘袋，摘袋后可铺设反光膜，及时摘叶和转果。

摘袋2~3天后，在树冠下铺设反光膜，以增加冠内下层反射光照强度，提高果实着色度。1亩地铺设反光膜约400m^2。

同时，摘除果实附近遮光叶片，疏剪局部徒长枝、密植枝和梢头枝，使树冠下的透光率到达20%~30%。在果实阳面着色后及时进行转果处理，将背阴面转至向阳面，并用透明胶带牵引固定，使果实全面均匀着色。

5. 适期采收

根据果实成熟度、市场需求等综合确定采收时期。成熟期不一致的品种，应分期采收。采收时要尽可能地减少碰、压损伤。

（四）整形修剪

1. 高定干

保存所有的饱满芽剪截定干，定干后一律从剪口下第三芽起每隔 3 个芽刻 1 个芽，一直刻到距嫁接口 60cm 处，刻芽的程度从上到下依次加重。

2. 培养纺锤形

丰产树体要求少骨干、多枝组、低级次、大级差、细冠体、壮树势。

（1）少骨干。是指骨干枝（粗枝）数量要少。因为骨干枝主要具有运输、贮藏、支撑作用。故要求粗壮，而要实现其粗壮，必须通过多枝组来实现。

（2）多枝组。是指结果枝即枝组的数量要多。少骨干必须有多枝组与之配合。结果枝主要功能是结果，故要求细柔，富有弹性，因为只有数量多才能细，同时也不易与骨干枝发生竞争，促进骨干枝的粗壮。

（3）低级次。是指结果部位的级次要低，只有低级次，才能形成骨干枝（粗枝）少而粗，结果枝（枝组）多而细。

（4）大级差。是指母枝粗度与其上直接着生枝条的平均粗度的比值要大，比值 5 6 为好。

（5）细冠体。是指树体或枝条的形状相对地要细，这是由定植密度所决定的。结果是控制和缩小冠体最经济有效的方法，及时配置大量结果枝，尽早进入结果状态，是实现矮化的关键，确保树体中枝条应当负载（结果）生长。

（6）壮树势。是指树势要强健。壮的树势是确保短枝有效生长结果的根本。

3. 全年修剪

标准化苹果园生产需把重视冬季修剪改为重视全年修剪。提倡生长与结果并举，培养骨干枝的过程就是培养结果枝的过程。尽量降低结果级次，增加枝量，实现早期丰产。幼树修剪目标是快长树、快成形、快结果、快丰产。

（1）培养自由纺锤树形。定干后当新梢长到20~30cm时，延长新梢甩放不动，对竞争性侧生新梢留2~3片大叶重短截。

（2）生长季节进行拿枝开角。树形或干性决定角度的大小。

（3）冬剪在延长枝甩放的同时对竞争性同龄侧生枝留2~3个芽进行极重短截。

（4）重视刻芽的部位与方法。翌年春季对于延长枝每隔3个芽刻1个芽刺激出枝；对于侧生枝可多刻，促短枝，促生花。

（5）无论是中干还是侧生枝，当新梢长到20~30cm时，均应甩放延长新梢，控制同龄侧生新梢留2~3片大叶重短截。根据长势和树形进行1~2次新梢短修剪。一般不环割或环剥。

（6）全年修剪，使树形和枝形尽量地细起来。把“甩放延长枝（梢），控制同龄侧生竞争性中长枝（梢）”作为修剪的根本方法，培养纺锤形树体构造和“一根棒”状态的结果枝组。

4. 维持强健的树势

要到达优质丰产，在修剪上必须复壮和维持中庸偏旺的生长势，保持生长和结果的平衡。

（1）枝条长度。树上所有新梢都要有限度地生长，有限度地延伸，尤其是背上枝、更新枝，必须慢慢生长。长梢的比例不能低于5%。苹果外围新梢长度一般为30~40cm，短枝占75%~80%，中长枝占20%~25%。

（2）枝条质量。枝组由短枝结果形成的果台枝不断甩放，呈现“一根棒”状态的结果枝组。

（3）枝条粗度。要大级差，即级次粗度比为（5~6）：1。

（4）枝果比例。强旺树（枝）枝果比（4~5）：1；中庸树（枝）枝果比（6~8）：1；弱树（枝）枝果比（9~10）：1。

5. 密植园的修剪改造

（1）间伐。对于果树栽得过密，进不去人，采用修剪已经解决不了问题的园片，要采取“隔一去一”的方法间伐。

（2）去大枝。对于交冠不严重的果园要通过去大枝的方法，调节空间。去大枝的具体步骤：要先去大枝、粗枝；逐级进行，由低到高；本着“去下不去上、去粗不去细”的原则进行，树干60cm以下不留枝。去大枝的过程实质上是降低级次，减少骨干的数量。

（五）病虫害防治

1. 提倡综合防治

在病虫害防治上，应当坚决贯彻落实“预防为主，综合防治”的原则。预防为主，综合运用多种防治方法，做到经济、平安、有效。能物理防治，绝不化学防治；能休眠期防治，绝不生长季节防治；能花前防治，绝不花后防治。不可使用国家明令禁止的药剂，包括甲拌磷、乙拌磷、久效磷、对硫磷、甲胺磷、甲基对硫磷、甲基异柳磷、氧化乐果、磷胺、克百威、涕灭威、灭多威、杀虫脒、三氯杀螨醇、克螨特、滴滴涕、六六六、林丹、特丁硫磷、甲基硫环磷、治螟磷、内吸磷、克线磷、硫环磷、蝇毒磷、地虫硫磷、氯唑磷、苯线磷、福美胂及其他砷、汞、铅制剂等。根据防治对象的生物学特性和危害特点，允许使用生物源农药、矿物源农药和低毒有机合成农药，有限度地使用中毒农药，禁止使用剧毒、高毒、高残留农药。

2. 打好关键药

要抓“早”字，“防”重于“治”，这是搞好病虫害防治的关键。重视花前药剂的喷施，既要降低病虫害越冬基数，降低生产成本，又不会对树体造成伤害。同时，此期距采果时间长，可减少残留的风险。还可加上渗透剂、洗衣粉、碳酸氢铵等既能提高防治效果，又能加强树体营养。

（1）萌芽前后的铲除剂。以杀菌剂为主体。在喷施铲除剂时，要加渗透剂等，提高防病治虫效果。

（2）打好花前药。4 月上旬进行封闭式喷药。以杀虫剂为主，病虫兼顾。要打细打透，树上枝干、树下杂草都要进行淋洗式喷施。药剂最好用内吸性的，在花前 10～15 天喷完。过晚影响壁蜂的活动，一般在 4 月 10 日前用药完毕。

（3）重视落花末期用药。在苹果园一定要重视花末用药。当花落到 90%左右时，就要用药。在不影响壁蜂的前下，宜早不宜晚。原则上，在苹果脱毛前把药打完。花后 10～20 天正值苹果脱毛期，尽量不要用药。

（4）注意药剂质量。花后套袋前要用好药，套袋后及时喷布波尔多液等价格较低的药，从而降低总成本。此后根据实际情况进行病虫害防治，及时进行药剂防治。严禁使用未核准登记的农药。

（5）提倡药剂交替使用。有效期长与有效期短的药剂交替使用，保护性药剂和内吸性的药交替使用，雨前保护性药剂，雨后内吸性药剂，可降低生产成本，提高防治效果。允许使用的农药每种每年最多使用 2 次。最后一次施药距采收期间隔应在 20 天以上。施药距采收期间隔应在 30 天以上。

(6) 正确进行药剂混配使用。药剂混配具有兼治、省工等优点，如波尔多液可与菊酯类混用。但若使用不当，则容易造成药剂失效，导致树体受害。一定要防止波尔多液、代森锰锌类等农药与渗透性药剂混用。

(7) 植物生长调节剂的使用。在苹果生产中应用的植物生长调节剂主要有赤霉素类、细胞分裂素类及延缓生长和促进成花类物质等。允许有限度使用对改善树冠构造和提高果实品质及产量有显著作用的植物生长调节剂，禁止使用对环境造成污染和对人体健康有危害的植物生长调节剂。

允许使用的植物生长调节剂主要有苄基腺嘌呤、6-苄基腺嘌呤、赤霉素类、乙烯利等。其技术要求：严格按照规定的浓度、时期使用，每年最多使用一次，安全间隔期在20天以上。

禁止使用的植物生长调节剂主要有比久、萘乙酸、2,4-二氯苯氧乙酸等。

第二章　果园生产机械化技术现状

一、国外研究现状

19 世纪中叶，以法国首先使用喷雾器防治病虫害作为标志，首次出现了果园专用的农业机械。在之后的一百多年中，欧美各国大都通过改制大田动力机械和配套农机具来适应果园生产，相继改造试制了多种适宜果园的动力机械和生产作业机械，并且能够适应多种种植地形，使果园生产作业逐渐由大量人力劳动转变为高效的机械自动化作业。

美国、俄罗斯、日本、法国、德国等农业机械先进的国家，相继研制了多种果园专用动力机械和作业机具，包括不同功率的果园拖拉机系列及其相应的配套机具，不仅使果园作业效率大大提高，同时还改革了果园的栽培模式，使其适应新型果园机械的作业技术要求，成功使果园以人力为主的作业内容转变成以机械化作业为主的高效作业水平。果园从初期建设到成年果园的管理，从梯田修筑、土地耕整、施基肥开沟、果圃起苗、播种栽植，到果园的周年管理，再到果品的加工，包括采收、包装、运输、加工等生产工序都基本实现了作业机械化，同时在原有的果园机械的基础之上，还进行了进一步优化更新，其中，多功能果园管理机械用途多样，而且集成化、自动化程度较高，可做到一机多用，成本降低，效率提高，通用性和适用性好，基本可以实现果树的修剪、施药和果实采收等作业要求。果实采收机械大都采用振动式收获方式，适于收获柑橘、蓝莓等浆果，以及核桃、巴达杏等坚果，根据激振位置的不同可分为树干振动式、树枝振动式和树冠振动式。除了更新针对果园管理机械和配套新机具的相关技术，农机农艺相结合，供需相适应，也较早获得重视，注重农机农艺协作，将农机技术与果树栽培管理方式相融合，以便实现果园机械化作业要求，如果树的矮化密植、篱壁性整枝等栽培模式的改变。新型种植模式和果枝修剪方式，不仅可以充分利用光照，提高光能利用率，而且可以采用机械跨行作业，在果树行间行进作业时，易于实现一机多用，进行植保、整枝、采收等作业。目前，在一些示范性大型果园管理模式中已开始采用“精确定量”的控制理念，由计算机对果园进行经济效益分析，拟定最佳作业方案，达到降低成本、减少劳力、增加收入的目的。美国、法国、意大利等国家在平原大型种植地区发展统一规范化的栽培模式，在苹果上均采用“高纺锤形”的精简修剪方式，灌溉施肥实行肥水一体化同步管理，配合机械化操作。总体来说发达国家的果园作业机械发展已较为成熟。

（一）动力机械

国外主要的农业发达国家在果园种植前已经考虑机械化作业要求，农艺型式、种植结构、作业模式非常标准，针对不同果园种植模式，进行了对应的果园专用拖拉机产品开发。国外农机制造工业较为发达，研发基础雄厚，果园专用拖拉机为国际知名农机跨国企业生产，对产品专业化、系列化、市场化运作较为成熟，常见拖拉机品牌有约翰迪尔、凯斯、科乐收等。国外研制的苹果等标准化果园专业拖拉机作业空间相对开阔，一般采用悬挂式或牵引式配套作业机具，一机多用，市场认可度较高；对于葡萄、蓝莓等矮砧密植栽培模式的果园，多采用大功率自走式跨行作业，作业效率较高，机具制造成本相对较高；以日本、韩国、意大利等国家为代表的小型果园专用管理机械，整机小巧、灵活、结构紧凑、通过性好，转弯半径较小，普遍选用 2.2～5.1kW 动力源，配套快速悬挂机构，可方便、高效地更换多种工作部件，完成多项作业。果园型拖拉机产品外形结构基本相同，发动机功率一般 50～88kW，轮距 1.0～1.5m，适宜行距 1.8～2.5m 标准化果园，作业时拖拉机可行走于果树行间。

（二）施肥机械

早在 20 世纪 40—50 年代，欧美等国家就已经开始研究果园施肥机械，大规模的标准化种植使得农机农艺结合紧密，果园施肥机械发展迅速，市场上出现了各种类型的施肥机械。欧美等国家出台一系列相关政策也在一定程度上推进了果园施肥机械的发展，如美国的《农业法》、德国的《土地整理法》、日本的《农业机械化促进法》等。经过半个多世纪的发展，目前国外果园施肥机具有技术先进、功能完善、结构复杂等特点，已经达到较高的技术水平，并向大型化、智能化发展。美国 Ditch Witch 生产了多种果园开沟器，有徒步式小型开沟机（C 系列）、紧凑式载人开沟机（HT 系列）、重型开沟机（RT 系列）等，其研发的开沟器具有沟深检测系统，可对沟深实施精准控制。法国 KUHN 所研发的 ProTwin 系列撒肥机能够抛施多种肥料，适应性强，肥箱容量大，但需大功率拖拉机进行牵引工作，适用于大规模标准化果园。日本久保田公司研发了悬挂式果园撒肥机，其肥料箱容积为 500~800L，撒肥宽度为 5~8m。该设备在作业时利用拖拉机后输出为动力，通过高速旋转的破碎轮和抛撒轮均匀地将肥料碾碎，播散至果园中，可根据肥料的干湿度、硬度等控制抛撒量，撒施肥均匀，作业效率较高。日本采用的 C-15 作业机，机型较小，所需功率较低，作业深度在 1.2m 左右，能很好的将肥料送达果树根系附近，适用于丘陵山地等地面起伏较大的果园。

（三）除草机械

国外对果园机械除草作业的研究始于 20 世纪 50 年代，经过半个多世纪的发展其技术已经较为成熟，出现了许多类型的除草机械。美国贝尔生产的型号为 13AP90KS309 的果园割草机效率高，适用于标准化果园。丹麦 Me-lander 设计的对刷式除草机通过采用竖直高速旋转的刷子来达到清除杂草的目的。波兰 JAGODA JPS 所研发的一款自走式除草机（ZOFIA），通过人工操纵割草控制与果树之间的位置，初步实现了自动避障。丹麦的 Noremark 基于 GPS 导航系统所研发的割草机，能够同时控制机具和割刀进行横向与纵向位移，从而在株间除草时实现避障。随着传感器技术的高速发展，美国的 Slaughter 等基于测距传感器所设计的除草机器人，能够很好的识别杂草和障碍物，智能化程度高。

（四）灌溉机械

目前国外果树主要应用微灌和喷灌等先进的灌溉设施装备，普遍采用自动控制或智能控制技术，对灌溉水量、均匀度实现精量控制，达到高效、高产和高品质的目的。同时，还提出了许多新的灌溉概念与方法，如分根区交替灌溉、局部灌溉、调控亏水度灌溉等。这些概念的提出及其方法的实施，对由传统的丰水高产型灌溉转向节水优产型灌溉和提高水分利用效率起到了积极的作用，并产生了显著的经济、社会和生态效益。

（五）植保机械

国外对喷雾机的应用较早，尤其是美国、法国、德国、日本等发达国家，早在19世纪中叶，法国就用手动喷雾器喷洒杀菌剂来防治葡萄病害，美国也在同时期制造出手动喷雾机，虽然各方面性能较差，但它开启了人类以喷雾法防治果园病虫害的大门，为果园喷雾机械的发展奠定了基础。19世纪末工业革命的兴起使果园喷雾机迎来了一个发展活跃的时代。20世纪初美国出现以小型汽油机为动力的喷雾机，50年代日本研制成功以汽油机为动力的背负式喷雾喷粉机。80—90年代国外出现了多种类型的风送喷雾机具，可适应不同果园的作业需求：如针对果树生长高度及树形制造的多孔气囊式果园喷雾机；果园植株密集条件下具有较强穿透性的多气道果园喷雾机；具有较高防治效率，适合低矮果园苗木、苗圃的炮塔式果园喷雾机；适合橡胶树等高大果树的高射程果园喷雾机；适合作物较高且上下密集程度相似的双风筒果园喷雾机等。目前，发达国家小型机动果园喷雾机基本被大中型果园喷雾机取代，大中型果园喷雾机载药量大、雾滴穿透性强、药液利用率高、防治效果好。同时，国外为适应机械化作业要求，对果园种植模式进行了标准化、规范化改造，为大中型果园喷雾机发展应用提供了条件。发达国家在风送式果园喷雾机的基础上融合多项先进技术，如传感探测技术、循环喷雾技术、静电喷雾技术等，使喷雾机具备了更高的作业效率和更好的防治效果。美国Durand-Wayland公司研制了Smart Spray果树智能喷雾系统，采用超声波传感器探测果树，与传统喷雾相比可节约37%的施药成本；意大利某公司研制出一款风送式双通道隧道喷雾机，研究表明该喷雾机对药液的循环利用率可达到95%。这些先进的喷雾技术和设备部分已被应用到实际生产中，为果农节省了大量成本。

（六）作业平台与采收机械

美国等欧美国家地势平缓，平原面积占比大，果园的种植模式多采用标准化种植，农机和农艺结合紧密，对果园作业平台的研发起步较早，其发展和应用可以追溯到20世纪60年代。工业的快速发展和农业机械在各领域的推广普及使得果园平台的发展研究也更加迅速，其种类和功能也更加多样化。按照作业平台升降机构类型的不同，可分为套缸式、剪叉式、曲臂式及链式，果园作业平台的快速发展为国外的果农带来了显著收益。日本对果园管理机械也有独特的研究。日本分布在丘陵山地的果园面积约占日本果园总种植面积的70%，与我国果园情况较为相似，升降平台以小巧灵活为主，具有“调平+防翻”的功能。如野泽正雄针对果园环境复杂性设计的自走式升降平台，可在0°~15°的坡度下工作，适用于传统果园。日本四国农场研发的自走式采摘车采用履带底盘作为行走装置，筑水农机公司研制的BP和BY系列小型果园运输管理机械均采用履带式行走机构，在坡地作业环境中，接地比压小，滚动摩阻小，通过性能比轮式行走机构好。早在20世纪40年代，欧美等国家已经开始研发采摘机械，美国学者Schertz与Brown于1968年最先提出用机器来代替人工进行采摘，研发了机械采摘，主要有振摇式、撞击式和切割式等。70年代随着计算机的高速发展，美国等发达国家率先开始研发各种农业机器人，1983年第一台采摘机器人在美国诞生。在随后的

20 年，日本、德国、法国等国家相继开始试验，研制了各种采摘机器人，在苹果、葡萄、柑橘等方面有着广泛的应用。Abhisesh Silwal 设计了一种基于 3D 视觉系统七自由度的采摘机器人，该机器人每个果实平均定位时间 1.5s，平均采摘时间为 6s，采摘成功率为 84%，极大地提高了采摘效率。John Baeten 和 Sven Boedrij 等研制了苹果采摘机器人，考虑到苹果树体尺寸过大，机器人结构中的机械臂直接采用工业六自由度机械臂，机械臂整体结构沿运动导轨水平、垂直移动，完成远距离摘取任务，采摘机构主要由拖拉机进行拖拽，机器人具有整体体积过大、机械手爪的重量过大等问题，因此，该采摘机器人适用于大型果园内矮小植株的采摘工作，运动平台的移动需较大范围，平台尺寸须满足果园内植株间距。

二、国内研究现状

我国果园在 20 世纪 50 年代才推广使用手动喷雾器，60 年代中期开始发展动力喷雾机，70 年代在引进国外机械的同时，陆续研制出果树栽植用挖坑机、果园中耕除草机、液压剪枝升降平台、果园风送弥雾机以及果品收获机、果品分级清选机等。目前果园作业应用较多的是植保施药机、果园动力机、中耕除草机和水肥一体化机等，还有一些果园开沟机、培土机、挖坑机、施肥机、枝条粉碎机、多功能果园管理机等在部分地区也有应用。还有许多作业如育苗、疏花疏果、整枝修剪等主要依靠手工操作。果园作业机械的发展较发达国家还有一些差距。受各地生产环境和经济水平以及农户对发展果园机械化的认识不同，导致管理机械化发展水平存在较大差异。

我国果园机械研究起步晚，果园机械化基础差，苹果生产机械化程度不高，苹果生产机械及其设施技术发展还有很多不足。很多用工量多、劳动强度大、时效性强的作业环节都未能很好地实现机械化作业，占用了大量劳动力，制约着苹果园生产率的进一步提高。我国苹果种植经营现在绝大多数还以家庭为单位，处于一家一户分散经营的状态，农户果园面积一般在1~15亩，多以独立状态分布，分户地块较小，路况较差。传统的种植模式和修剪方式使得果树多为乔砧大冠，树形高大，果林郁闭，成龄果树冠间基本没有作业空间，农机与农艺的结合松散甚至脱节。与国外整齐划一、种植规范的大型庄园基地相比，差距明显。如果盲目引进国外先进果园机械设备也很可能不接地气、水土不服。生产过程主要依赖人工完成，机械化程度最高的作业环节是果园植保喷药，也大都使用喷雾机械，仍需要投入大量人力。现有的苹果机械，如专用栽植机械、果品分级打蜡机械和国外引进的气动修剪机等，因成本较高、作业功能单一、利用率较低等原因，影响了果农购置及使用的积极性。果园病虫害防治所用的植保机械多为手动式，药液有效利用率不足30%，浪费较多，不仅造成了严重的农药残留和环境污染，而且直接影响了操作者的身体健康，果农农药中毒伤亡事故时有发生。近几年推广使用的烟雾机、弥雾机因其作业效率高、效果好、成本低，备受果农青睐。最新研制的多旋翼航空植保无人机作业不仅可节省使用农药20%以上，药效可提高30%以上，且不会损害操作者身体健康，但是由于对果园面积规模和操作者技术水平有较高要求且价格昂贵，载药量不足和续航时间较短等技术瓶颈有待进一步解决，使其推广过程艰难而缓慢。据不完全统计，近年来我国苹果种植户的数量呈逐年减少的趋势，而且从业人员老龄化严重，50岁以上的果农占2/3以上，如果没有新生劳动力的注入，苹果种植业将面临发展瓶颈。另外，广大果农虽然对使用果园机械作业热情比较高，但观念上还存在很大程度上的偏颇与落后。大部分农户对于果园机械的维护保养观念极其淡薄，很多机具使用不到一年就因为维护保养不到位而无法正常使用。

（一）动力机械

我国果园机械中主要应用的动力机械为拖拉机，有履带式、轮式和手扶式3种。目前农业生产中使用的拖拉机为一般园艺拖拉机，多在温室大棚、菜地等小地块使用，在果园中使用动力偏小。据调查统计，目前果园生产使用农用三轮车的较多，其次是18.38kW以下的拖拉机和手扶拖拉机。

（二）耕作机械

20世纪末至21世纪初我国开始从日本和韩国引进微耕机，至目前已有生产企业近百家，分布在十多个省市，这类微耕机的机型小巧，便于移动，稳定性强，适用于设施农业和丘陵山区，果农易于接受。目前国内厂家生产的微耕机系列产品可分为自走式、手推式、履带式、侧挂式4种类型。从地域上又可分为南方型和北方型。南方代表机型有重庆鑫源和广西蓝天等微耕机产品；北方代表机型有山东宁津通达机械厂生产的3WG-4型多功能微耕机、山东华兴机械集团生产的WG系列多功能田园管理机、北京多力多公司生产的DWG系列微耕机等。田园管理机可根据不同的果园作业需求，配套安装多种机具，完成旋耕、开沟培土、中耕除草等多种作业。

（三）施肥机械

我国果园的施肥方式已经逐渐由人工施肥转变为机械施肥，目前市场上出现了许多类型的施肥机械。研究人员针对各类果树对肥量需求的不同，以及对作业效率的要求，研究方向多集中在施肥机械的精准施肥和多功能化。典型机型有济南沃丰机械有限公司研制的1WZ系列挖穴施肥机，该机器开孔部件强度大，对坚硬土壤的破碎效果好，使用寿命长，操作简单，工作效率高。在多功能施肥机的研发上，沈从举等研发的履带自走式果园气爆深松施肥机解决了坚硬土层快速打穴、定量取肥排肥、高压气爆深松施肥等关键技术难题。张磊等针对苹果树根系的分布，施肥需求，以叶片营养诊断法为基础，采用模糊聚类算法（FCM）预估苹果树花朵数量、计算果树产量，建立苹果园精准施肥模型，为后续的科学精准施肥提供理论基础。仝敏等同样根据苹果树的生长特性，设计了一种基于双目视觉的精量施肥控制系统，在一定条件下，施肥精度可达93%以上。李欣倪等设计了一种基于安卓（Android）系统的施肥无线控制系统，用手机小程序替代施肥控制器主机的功能进行精准施肥监控，精量施肥的准确率可达到94.65%，提高了肥料的利用率。

（四）割草机械

20世纪40年代，大规模田间除草机具的出现，促进了各种除草机的发展，经过半个多世纪的发展，现在除草机可分为机械除草机和智能除草机。目前，我国果园机械除草作业普遍采用微耕机或果园通用除草机，存在仅能除去行间杂草、对果树株距间漏除等现象，除草作业效果大大降低，针对这个问题，所设计的果园株间除草机可以很好地清除果树根部周围的杂草，同时对株间和行间进行杂草清除，除草干净、工作效率高。于健东等针对园内苹果树分布特征所研发的苹果中耕除草机在满足避让果树的条件下，漏除率仅为 4.1%。智能除草机相较于传统机械除草机不仅能将株间杂草除掉，而且还不会损伤植株，具有精准性和高效性。刘亚超等基于图像识别与除草系统，设计了一款智能株间除草机，并用三维设计软件对除草系统建模，利用 ADAMS（机械系统动力学自动分析软件）进行运动仿真，对除草路径进行优化，其株间路径覆盖率为 100%，除草率为 90%。胡炼等基于智能相机获取杂草图像，采用横摆式除草机构，能准确避让作物，控制割刀进行株间除草。周恩权等设计了一款八爪式除草执行机构，并用 ADAMS 进行仿真实验，其割刀有效轨迹能满足大于 220mm 的任意株距的株间除草。谢逢博等针对果园机器人路径规划的问题，提出了一种基于横向偏差修正算法的路径控制方法，相较于传统路径规划方式，漏割率降低了 2.3%，重复率降低了 1.7%，有效提高了除草的效率。烟台成峰机械科技有限公司研制的小型履带割草机，实现一机多用，停车自动刹车，适合陡坡作业，远程遥控操作，机身低矮，履带式设计，爬坡过沟是强项。

（五）灌溉机械

我国果园灌溉主要采用漫灌和沟灌两种方式，由于果树行距较大，具有一次性灌水量多、灌水周期长、水分利用率低等特点。随着我国灌溉水利设施的建设，果园灌溉也出现了低压管道输水、喷灌、微水灌溉、移动灌溉等几种形式。其中微水灌溉是一种新型的节水灌溉技术，包括滴灌、微喷灌等，可以将有一定压力的水消能后滴入作物根部进行灌溉的方法。使用中，可以将毛管和灌水器放在地面上，也可以埋入地下 30~40cm。前者称为地表滴灌，后者称为地下滴灌。滴头的流量一般 2~10L/h，使用压力 0.5~1.5MPa。该方法具有节水、节能、水肥同施、操作方便、适应性强、灌水均匀度高等优点。

（六）修剪机械

果树修剪一般包括春剪、夏剪和冬剪。果树修剪一方面可以改善果树之间的通风与透光条件，促进其茁壮成长；另一方面适当修剪可促使果树形成花芽，提高来年果树的产量，因此恰当的枝条修剪对果树而言十分重要。目前，我国果树修剪仍多采用手工操作，缺乏高效率机械设备。与施肥、喷药和灌溉作业环节相比，修剪与采收环节所占的劳动力成本比例更高。与带动力的手持省力化修剪机具相比，车载修剪机在修剪高度、修剪效率和修剪强度方面效率更高，代表着修剪机械的发展方向，常见于大型的果园之中。修剪机械通常是在动力机械上安装可伸缩框架，在框架上安装刀片或圆盘刀具，用于非选择性的果树树冠整形修剪。根据修剪作业特定需要，一些修剪机还可以同时配有多个剪切装置，实现多用途修剪作业和模块化柔性配置。山东省农业机械科学研究院设计开发系列剪枝机，有侧置式、两翼式和龙门式，由窄轮距拖拉机提供动力，液压马达带动刀片高速旋转。剪枝机两侧刀箱可以方便地调整宽度、高度，根据果树不同时期的剪枝要求进行合理剪枝。该类剪枝机分别在银川、新疆和北京等地的果园进行过实地验证，效果均比较理想，其中龙门式的剪枝机更受用户的青睐。

（七）植保机械

我国喷雾机起步于20世纪50年代，当时主要依靠进口手动式或踏板式喷雾机，随后陆续研制成功并推广了多种类型的手动背负式或便携式喷雾机。这类机型主要有手动压缩式喷雾机、手动背负式喷雾机、踏板式喷雾机等，其结构简单，价格便宜，至今为止仍然是我国使用最广泛的喷雾机具。但这类机具存在“跑、冒、漏、滴”严重、喷雾压力不稳定、雾化不均匀、射程短、穿透性差等问题。我国20世纪50年代从日本和苏联引进过少量机动喷雾机，60年代研制出小型机动喷雾机。由于担架式、手推式、背负式果园喷雾机具有机动性强、工作压力高、射程与手动喷雾机相比有较大提高、单人或双人操作方便等优点，是我国果园使用最多的机动药械，并且在未来相当长一段时间内仍会大量需求。我国20世纪80年代引进风送式果园喷雾机，由于其穿透性好、覆盖率高，在我国得到迅速发展。农业农村部南京农业机械化研究所、中国农业机械化科学研究院等先后研制成功悬挂式和牵引式果园风送喷雾机，适合常规果园使用；山东省农业机械科学研究院联合山东永佳动力股份有限公司研制成功履带自走式果园喷雾机，整机高度低于1m，适合低矮密植型果园使用。虽然我国农村经济体制和果农购买力限制了大中型果园喷雾机的发展，但随着生产集约化的推进，这类机具必将成为果园病虫害防治的主力军。随后中国农业大学研制了果园自动对靶静电喷雾机，采用红外传感探测技术和静电喷雾技术，与传统喷雾相比可节省药液50%~75%。虽然我国开展了较多研究，但实际推广应用还有许多问题待解决。

（八）作业平台与采收机械

20世纪90年代随着小种植户的增加，果园升降平台逐渐进入果农的视线，1992年浙江省金华市农业机械研究所研发出适用于果园采摘的升降机，最高升降高度可达7m。2007年新疆机械研究院研制的LG-1型多功能果园作业机是国内第一台多功能果园作业机械。随着农艺农机的结合及果农对果园机械的需求，果园升降平台迎来了一个高速发展的阶段。目前，市场上的果园升降平台品类较多，行走装置多以履带式和轮式为主，升降方式普遍为垂直升降。未来的研究将集中在多工位工作、调平和防翻自动化、机电一体化、无人驾驶等方向。我国采摘方式主要还是以人工采摘为主，通过直接手采或者借助辅助工具采摘。采摘冠层上面的水果有时需攀爬、借助扶梯和升降平台，这类采摘方法已经不适合现代果园的发展，研发机械式采摘机和采摘机器人是提高采摘效率和降低劳动强度的有效方法。智能采摘是当前最主要的研发方向。采摘机器人主要分为4个部分：视觉识别与定位系统、机械臂系统、末端执行控制系统、移动平台。对采摘机器人的研究主要集中在识别定位、路径规划、末端执行器等方面。江苏大学设计并研制了一台苹果采摘机器人。该机器人的移动平台为装配履带的小车，考虑到五自由度机械手结构体积较大，因此将末端执行器连接在最后一个自由度的气动推杆上，利用类球形夹持机构固定苹果，通过旋转式切割完成摘取。试验结果表明，该机器人采摘单个苹果的平均耗时约15s，成功率为77%。针对一些苹果采摘机械不能连续采摘的问题，任晓智等设计了一种由人工推动的半自动化采摘装置，利用末端执行器下方的苹果载运斗装置实现即采即运的过程，载运斗沿多自由度机械臂以链传动的方式上下滑行至果箱收集处。

林果业的规模化和产业化发展，离不开先进适用的果园作业机械。及时准确了解国内外果园作业机械的现状与发展，借鉴国外先进果园机械化生产技术和经验，因地制宜，研究和探讨我国林果产业中果园机械化的实现方式和实施手段，不仅关系到我国果园生产机械化水平的提高，而且关系到我国林果产业的健康发展。

第三章　苹果生产全程机械化技术

一、立架规划

（一）行间距规范及要求

水泥柱行距 5m（与果树行距一致），柱间距 10~15m。

（二）划线规范及要求

行间距一定要用白灰画纵横实线，形成网格状。

二、机械挖坑栽植立柱

（一）立柱规范及要求

立柱长度和宽度各为 100 mm，高度 4m，内置 4 根直径为 4.4mm 冷拔丝，4 根冷拔丝拉力应≥650kg，水泥采用 pc425 标号，石子用破碎石。

（二）挖坑规范及要求

用手提式汽油挖坑机在确定的白灰中心点向下挖坑，挖坑深度为 700mm，直径 200mm，坑壁要求直上直下。

（三）立柱栽植规范及要求

顺行向每间隔 10m 栽植一根水泥柱，地下埋 700mm，地上露 3.3m，垂直地面，纵横对齐。地顶头立柱应向外倾斜 15°，并用地锚和法兰固定牢固。

三、机械挖定植穴

（一）栽植密度规范及要求

矮化自根砧苗株行距按（1.0～1.5）m×（4.0～4.5）m 规划栽植；中间砧苗株行距按（1.8～2.5）m×（4.5～5.0）m 规划栽植；双矮苹果苗株行距按（1.2～2.0）m×（4.0～4.5）m 规划栽植。

（二）测量放线规范及标准

按照果园初步设计方案和图纸，使用经纬仪（或水准仪）、标尺和绳子等工具，以及木桩、滑石粉（或石灰）等物料，进行测量，再按照确定的栽植密度，先放行距，再放株距，纵横交叉点为定植点。放线时，绳子一定要绷紧拉直，交叉点用滑石粉（或石灰）撒个“十”字作为挖坑标记。

（三）挖坑规范及要求

用车载挖坑机在“十”字中心点垂直向下挖，挖直径和深度均为 80cm 的圆坑，坑壁一定要直上直下，不能挖成斜的。定植坑挖好后，坑底填入 15~20cm 厚的秸秆、杂草、落叶等混合物，每坑再施 0.5kg 磷肥和 0.5kg 有机肥，然后按照 1：3 的比例将农家肥与表土混匀回填。

四、苗木定植

（一）苗木规范及要求

普通中间砧苗木高度需达到 100cm 以上，嫁接品种粗度 0.8cm 以上，主根 25cm 以上，且具有 15cm 以上侧根 3 个，整形带内有 10 个以上饱满芽，基砧必须是野苹果、八棱海棠或圆叶海棠；选择优质无病毒大苗，干径在 1.0~1.3cm，苗木高度 1.2m 以上，整形带内有 6~9 个分枝，长度在 40~50cm，且分布均匀，主根必须有超过 20cm 的侧根 5 条以上，自根砧根砧长度 20cm 左右。所有苗木必须要求树皮新鲜光滑、无失水皱皮、无机械损伤、无病虫害。

（二）定植时间规范及要求

秋季栽植一般在落叶至土壤封冻前进行，即 10 月中下旬到 11 月下旬。秋季栽植的果园应当做好越冬保护工作，一般栽后将苗木压倒进行埋土防寒。但中间砧大苗埋土困难，可在苗木栽植后立即定干，然后将苗木套塑料袋，待春季萌芽后去除塑料袋。春季栽植一般在土壤解冻后至发芽前，常于 2 月中下旬至 4 月上旬进行。

（三）授粉树配置规范及要求

必须与主栽品种花期基本一致，且花粉量多，亲和力好。授粉品种与主栽品种的比例以（2~3）：（7~8）为宜，但当授粉品种同属优良品种时，可按1：1配置。大块果园授粉树按行列式栽植，即间隔7~8行主栽品种栽植1行授粉品种；小块果园隔株栽植，即间隔7~8株主栽品种栽植1株授粉品种，提高授粉率。

（四）栽前苗木处理规范及要求

首先，栽植前对苗木按品种、粗度、高度进行分级，并分区栽植，以利于果树均衡生长，园貌整齐；其次，要对苗木的根系进行修剪，剪平根系伤口，剪除嫁接口干桩、去除嫁接口塑料绑扎带；最后，将根系放入1%~2%过磷酸钙水溶液中浸泡一夜，再蘸泥浆栽植。

（五）苗木定植规范及要求

按照品种配置计划把选好的苗木放入定植穴内，舒展根系，扶正苗木，校正位置，使纵横（行株）方向对齐。先填入少量土，再将苗木向上轻提，用脚踩实，使根系与土壤紧密接触，然后边填土边踩踏至与地平。

苗木定植时，一定要注意苗木栽植深度。栽植过深，土壤下层温度低，通透性差，幼树发芽晚，生长缓慢，容易出现活而不发的现象；栽植过浅，根系易外露，固地性差，不耐旱，成活率低。普通乔砧及乔砧短枝型苗以苗圃出土印和地面平为准（接口稍高出地面）。自根砧苗地上留出矮砧5cm左右。矮化中间砧苗，中间砧的1/3~1/2应埋入土中，地上只保留10~15cm。

五、栽后管理

（一）扩盘浇水规范及要求

苗木栽植后，以苗干为中心做直径1m的树盘，每株新栽幼树浇水15~20kg。

（二）定干规范及要求

一般苗高1.0m以上，在0.8m处剪截；苗高1.2m以上，在1.0m处剪截；对于高度不够或整形带内没有饱满芽的苗木，在饱满芽处短截，等长到目标高度后，于翌年春季萌芽前再定干；对于高度达到1.5m以上强壮的苗木可以不定干。

（三）覆膜规范及要求

选用宽度700~1 000mm的黑色或白色地膜，在苗木两边进行带状覆盖。覆膜时一定要将地膜拉直、绷紧、覆平，地膜四周用土压紧封严，并每隔4~6m在膜上横压一道土梁，以防止风将膜吹破。

（四）苗干套袋规范及要求

选用宽50mm、长1 000~1 200mm的圆筒状塑料袋，自上而下将苗干全部套住，中间用细绳扎紧，以防被风吹掉，下端埋入土中，以防进风、失水和降低带内温度。待苗木发芽后及时剪开袋口进行通风，以防烧芽、烧苗。当气温逐渐升高，幼叶长出后及时除袋。

六、机械开沟施肥

（一）施肥时间要求

全年施肥共 4 次。即 3 月中下旬追施萌芽肥、6 月上旬施壮果肥、7—8 月施优果肥、10—11 月深施基肥。

（二）肥料选用规范及要求

萌芽肥以速效氮肥为主；壮果肥以氮磷钾三元复合肥为主；优果肥以磷钾肥为主；基肥以生物菌肥和农家有机肥为主。

（三）肥料施药方法规范及要求

用施肥机开沟施肥。追施萌芽肥、壮果肥、优果肥：距树 80~120cm，开沟深度 20~30cm，亩施肥量 150~200kg。基肥开沟深度 30~50cm，宽度 30~50cm，亩施肥量 4 000~6 000kg。

七、机械生草刈割覆盖

（一）草种选择原则

草的高度较低矮，但产草量较大、覆盖率高；具有一定的固氮能力；草的根系应以须根为主，或有主根而在土壤中分布不深；没有与果树共同的病虫害，能栖宿果树害虫天敌；地面覆盖的时间长而旺盛生长的时间短；耐阴耐践踏，繁殖简单，管理省工，便于机械作业。

（二）草品种选择规范及要求

根据果园土壤条件和果树树龄大小选择适合的生草种类。目前胶东果园主要选用白三叶草，再搭配鸭茅草和黑麦草。

（三）播量和播期的规范及要求

鸭茅草亩用量 1kg，白三叶草亩用量 0.5kg，黑麦草亩用量 0.5kg；播期分为秋播和春播，春播在 3 月下旬至 5 月上旬播种，秋播在 8 月下旬至 9 月上旬播种。

（四）机械播种规范及要求

将鸭茅草、白三叶草和黑麦草按照 1：0.5：0.5 的比例混合均匀后，倒入播草种机内进行条播。要求土壤含水率 15%～25%，播种深度 3.0～5.0cm，种子覆土厚度 2.0～3.0cm，种草时，草距果树 1.0～1.2m，一般幼园内生草宽度为 1.0～1.2m，成龄园为 1.2～1.5m。

（五）机械刈割覆盖规范及要求

待草长到 50cm 以上用割草机进行刈割覆盖树盘。一年刈割 1～2 次，割茬高度应≤10cm。

八、机械修剪

（一）机械修剪时间要求

冬剪在 12 月中旬至翌年 1 月底；夏剪在 6—8 月进行。

（二）机械修剪作业规范及要求

人站在自走式可升降操作平台上，使用果树电动或气动修剪机对果树进行修剪。电动或气动修剪机可剪切最大直径为3cm枝条，剪口平齐，并用封剪油对剪口涂抹处理，以免失水和感染病菌。

（三）机械修剪方法规范及要求

1. 树形要求

树体呈高细纺锤状，成形后平均冠幅2m，树高3.5~4.0m，主干高0.8~0.9m；中央领导干上着生30~50个螺旋排列的小主枝，结果枝直接着生在小主枝上，其上分布比例适宜的长、中、短枝。树冠下部小主枝长1.2m，与中央干夹角100°~110°；树冠中部小主枝长1m，与中央干夹角110°~120°；树冠上部小主枝长0.8m，与中央干夹角120°~130°。中央领导干与同部位主枝基部粗度比为（5~7）：1，成形后秋季株留枝量控制在800~900条，长、中、短枝比例保持1∶1∶8。

2. 修剪方法

第1年对3年生大苗，仅去除粗度超过主干直径1/4的大侧枝，如果用2年生的苗木，在饱满芽处定干。第2年春天，在中心干分枝不足处刻芽促发分枝，留桩疏除因第1年控制不当形成的过粗分枝（粗度大于同部位干径1/4的分枝）。在展叶初期，对保留枝条长度超过80cm者，在枝条底部进行扭伤和转枝（背上芽变为背下芽，背下芽变为背上芽），同时以20cm间距进行多道环切，并掰除顶芽，缓和枝条生长势。冬季疏除中央干上当年发出的强壮新梢，疏除时留1cm短桩，促使轮痕芽发出弱枝；

保留中干上 50cm 以内的弱枝，中心干太弱的可在饱满芽处短截，促其旺长，中干强的不短截。第 3 年萌芽前，在中干光秃部位继续刻芽促发新枝，当新梢长到 30～45cm 时拉枝开角，冬季疏除主干上当年发出的强壮新梢，疏除时留 1cm 短桩，保留中心干上当年发出的长度 50cm 以下的小主枝；同侧位小主枝上下保持 25cm 间距。第 4 年修剪与第 3 年相同。成形后，去除中央干着生过长的大枝，粗度超过 3cm 的一定要及时疏除。树冠下部长度超过 1.2m 的小主枝要疏除，与中央干夹角不足 100°～110°的要拉枝调整；树冠中部长度超过 1m 的小主枝要疏除，与中央干夹角不足 110°～120°的要拉枝调整；树冠上部长度超过 0.8m 的小主枝要疏除，与中央干夹角不足 120°～130°的要拉枝调整，对 5～6 年生小主枝逐年轮换，及时疏除中央干上过多的枝条，并回缩主枝上生长下垂的结果枝，更新复壮结果枝。

九、机械植保防控

（一）植保机械选用要求

一是应能满足果园不同种类、不同生态以及不同自然条件下果树病虫害的防治要求。二是应能将液体、粉剂、颗粒等各种剂型的化学农药均匀地分布在施用对象所要求的部位上。三是对所施用的化学农药应有较高的附着率，以及较少的飘移损失。四是机具应有较高的生产效率和较好的使用经济性和安全性。

（二）机械植保时间要求

萌芽前后、开花前、定果后、7 月下旬至 8 月上旬、采果后、落叶后、修剪后，按技术要求分别使用机械喷施杀虫剂、杀菌剂，使用药剂必须符合无公害果品生产要求。

（三）机械植保作业规范及要求

流量5~50L/min，射程大于15m，平均雾粒20~100μm；可调喷雾，可连续工作时间8~14h。一是配制农药前，配药人员应戴上防护口罩和塑料手套，穿长袖长裤和鞋袜，准备干净的清水备作冲洗手脸之用，用量器按要求量取药液和药粉，不得任意增加用量和提高浓度。二是施药时，应根据防治对象合理选配药剂，同时要看天施药，不能在大风、大雾、高温等天气条件下喷药，喷药遇雨应重喷。三是每次施药后，喷雾器中未喷完的残液应用专用药瓶存放，安全带回。配药用的空药瓶、空药袋集中收集妥善处理，不准随意丢弃。机具应在田间全面清洗，清洗机具的污水，应在田间选择安全地点妥善处理，不得带回生活区，不准随地泼洒，防止污染环境。施药后还应在田间插上“禁止人员进入”“有毒”等警示标记，避免人员误食喷洒过农药的农产品而引起中毒事故。

（四）物理植保规范及要求

主要是利用昆虫敏感的特定光谱来诱集昆虫并进行有效杀灭昆虫，降低病虫指数，达到防治虫害和虫媒病害的目的。每30~50亩果园安装一盏太阳能频振式杀虫灯。太阳能电池板功率≥40W，15W多波长诱虫灯管，电子镇流器瞬间启动，电网电压2~3kV且功率≤25W，撞击面积≥0.16m^2。瞬间耐高温1 000℃，耐腐蚀，耐高压性能，雨天高压电网连续拉弧30min，绝缘柱无炭化现象。害虫捕捉率不小于95%。装有光控技术和雨天自动保护装置。

安装要求：一是将箱体固定于平坦、距离标靶害虫活动近的地方；二是检查蓄电池、控制器和太阳能板接线是否稳固；三是灯的距离因山地、平原地形不同，间距应该在 50~80m；四是杀虫灯一定要安装在地势较高的位置，避免水淹。

十、机械收授粉

（一）机械收授粉时间规范及要求

4 月中下旬至 5 月上旬苹果开花期。

（二）机械收粉规范及要求

使用电动收粉器于盛花期每天早晨露水干后到中午前（8：00—11：00）、16：00 后开始采集花粉，12：00—16：00 温度过高时不宜采集，雨天不能采集。电动收粉器过滤精度 0. 15μm。要注意的是，所收集的花粉必须当天收集当天使用；用不完时，应当置于密闭容器内存放在冰箱冷藏间，以免花粉失效。

（三）机械授粉规范及要求

在采集好的花粉内按照 1∶5 的比例加入葡萄糖粉，混合均匀，然后装入电动授粉器内进行授粉。授粉时期应从初花期开始，只点授中心花，当天开放花朵授粉效果最好，以后随花朵开放时间的延长，授粉效果逐渐降低。苹果的有效授粉期一般为 3 天。授粉时间是晴天上午露水干后到中午前（8：00—11：00）、下午（16：00后），以及阴天可全天进行，雨天严禁授粉。

十一、机械疏花疏果

（一）机械疏花疏果原则及要求

疏花疏果应“看树定产，按枝定量”。强树、强枝多留，弱树、弱枝少留；短枝多留，中、长果枝少留；树冠中、下部多留，上部、外围枝少留；果实小的品种多留，留双果，果实大的品种少留，留单果；当年果台副梢生长势强的多留，弱的少留或不留。

疏果时全树应按从上到下、从里到外、从大枝到小枝的顺序进行，以减少枝叶损伤和避免遗漏。病虫果、畸形果坚决不留。

（二）机械疏花疏果时间规范及要求

疏花从露蕾后至盛花期均可疏花，最好的时期是花序分离期。疏果一般选择花后10~20天，幼果子房膨大期，疏去过密果和过弱果，进行定果。

（三）机械疏花疏果方法及要求

用果园疏花机对果树进行疏花疏果。方法：根据品种特性、花量大小、树势强弱等，间隔一定距离留一花序，一般大型果远些，如富士要间隔20~25cm，小型果则可近些，如千秋可间隔15~20cm；树势强旺的可近些，衰弱的可远些。

在每个所留的花序上，视当地的具体情况确定留花量，易发生冻害的地块可多留些花朵，温暖保险的地块可少留些花朵；一般大型果留2~3朵花，小型果留3~4朵花；坐果率高的留2~3朵花，坐果率低的留3~4朵花。如新红星等元帅系短枝型品种，虽然为大型果，但其坐果率较低，可每个花序留3~4朵花，疏花时，要尽量保留中心花，疏除边花。

疏果定果方法一般采用等距离留果法，即根据果型、品种、树势等，每隔一定距离留1~2个果。一般小果型品种每15~20cm留1~2个果，树势旺的近些，树势弱的远些，果台副梢壮的留双果，弱的留单果。大型果则每隔20~25cm留一个果，留单果。疏果时要先去畸形果，病虫果和小果，再去弱边果，尽量保留中心果。另外，一般中果枝上的果、下垂方向的果，个大、果正、果形指数高，尽量保留。还可以看副梢定果，即有强旺果台副梢的大型果留单果，小型果留双果，有中等副梢的大型果留单果，小型果留双果，有短小副梢的大型果不留果，小型果留单果，无副梢的不留果。

十二、水肥一体化

（一）果园水肥一体化管理时间要求

全年8~10次，主要在萌芽期、开花期、幼果期、花芽分化期、果实膨大期、落叶期等。

（二）水肥一体化系统设计规范及要求

主要采用全自动滴灌技术。滴灌系统由水源、加压系统、过滤系统、施肥系统和输水管道组成。输水管道分主管和支管，主管为通径110mm PVC管埋入地下，支管为通径32mm PVC管埋入地下；滴灌管直径16mm、壁厚1.0mm以上，滴头流量为每小时2~3L，滴头间距50~80cm。肥料选用水溶性好的固体肥料，以及冲施肥、沼液等液体肥料。肥水浓度一般控制在10%~20%。

（三）水肥一体化管理技术规范及要求

每25亩为一个滴灌小区，每个小区采取自动化滴灌，由电脑控制，自动调节开关阀。

自动滴灌：在园区建有气象站，全天候测量园内气温、湿度、风向、降水量等气象情况；并安装远程土壤墒情感应器，根据土壤墒情和气象情况来确定是否灌水。当土壤含水量下降到田间持水量的60%以下时，自动打开调节阀灌溉；当土壤含水量达到田间持水量的80%时，调节阀自动关闭停止灌溉。通过调节阀的控制，田间持水量始终保持在60%~80%范围内，达到最佳状态。

精量施肥：通过土壤化验和树体营养分析，设计灌溉施肥方案，依照方案灌溉施肥。先将可溶性固体或液体肥料按5%的比例融化在施肥罐中，再借助加压泵（注入器）等机械压力系统将肥料注入到输水管，然后经过滴管滴到果树根系分布区。

十三、机械采收

（一）果品采收期确定要求

为了保证苹果果实的品质和耐贮运性，需要适期采收。果实大小、形状、色泽等都达到该品种的固有性状；果肉硬度在6.8~7.6kg/cm^{2}为适宜采收期；可溶性固形物含量为12%~

15%；果实生育期早熟品种为100~120天、中熟品种为125~150天、晚熟品种为160~180天时即可采收。因不同地区果实生长期积温不同，采收期会有所差异，各地最好在传统采收期前后10天左右分期采收。

（二）机械采收规范及要求

借助自走式可升降操作平台进行采收。人站在自走式可升降操作平台上用手轻轻握住果实，食指按住果柄，然后向上掀，使果柄与果枝从离层部位断开，轻轻取下果实，放入采收袋（篮）或周转箱内，用平板车、叉车等运输工具运输到分拣车间进行分级、分拣。待运。

（三）采收操作注意事项

一是对同一棵树上的果实，应按照由外向内、由下向上的顺序采收；成熟度不一致，分批采收可提高果品品质。二是采收应在露水干后的上午和气温凉爽后的下午进行，不宜在雾天、雨天和烈日暴晒等情况下进行。三是采果人员必须修剪指甲，戴上手套操作，做到轻拿轻放，选用果剪、采收刀工具采收。四是用采收袋或采收篮进行采收。五是使用周转箱要大小适中，不能太大，以免底部果品被压伤。

十四、机械分拣

（一）苹果分拣时间要求

苹果采收后立即进行分拣。

（二）苹果机械分拣作业规范与要求

选用全自动苹果分拣机进行分级作业。分选速度可选择每小时 21 600 个，分选等级 9 个，分选重量区间 20~1 500g，配套动力 2.2kW，电源 220V/380V。

十五、冷藏保鲜

（一）预冷规范及要求

苹果分拣后，运入预冷间或冷藏间预冷，在 24h 内将果温降至 1℃左右，再入库堆码。

（二）机械冷藏规范及要求

入库前，先库房灭菌消毒并及时通风换气，使库房温度降至-2~0℃，再分垛堆码，距墙 0.20~0.30m。堆码距冷风机不少于 1.50m，距顶 0.50~0.60m，垛间距离 0.30~0.50m，库内通道宽 1.20~1.80m，垛底垫木（石）高度 0.10~0.15m。贮藏期间，库温保持在-1~1℃，相对湿度控制在 85%~95%。

第四章　果园生产典型作业机械

果园机械一般分为动力机械和作业机械两大类。果园动力机械主要是各种拖拉机、内燃机（柴油机、汽油机、煤气机等）、电动机等。果园作业机械主要有果树苗圃机械、果树栽植挖坑机械、果园耕作机械、果园施肥机械、果园除草机械、果园灌溉机械、果园修剪机械、果园植保机械、智能套袋机械、果园采收机械、转运输送机械、果品分级清选机械等。

一、果园动力机械

果园通用动力机械中专用的果园拖拉机有两种类型：一种高度较矮、重心低、转弯半径小，适用于果树行间作业；另一种具有 1m 以上的离地间隙，适用于跨越果树行间作业。

代表机型：鲁中果园型拖拉机 554A

该机型由山东潍坊鲁中拖拉机有限公司研制，常柴国Ⅳ发动机，排放升级，油耗低，扭力储备大，动力强劲。超短轴距设计，标配可调方向盘，操纵更灵活，液压独立供油，全液压独立转向，转弯半径小。采用双作用离合器，8+4 挡中拖底盘，可选装侧变速挂挡，爬行挡，梭式换挡，挡位匹配合理。可选装强压提升器，提升力大，提升速度快，可靠性更高，可选装双轮胎，增加驱动力。该机型应用广泛，可满足大棚、林果业、普通农田等地域的耕种需求（图 4-1、表 4-1）。

图 4-1　鲁中果园型拖拉机-554A

表 4-1　鲁中果园型拖拉机-554A 主要技术参数

名称	参数
发动机功率	40.5kW
选装发动机	莱动/常柴/全柴/新柴
动力输出轴转速	540 / 760（540/1 000 或 720 选装）r /min
前轮轮距	900～1 060mm
后轮轮距	900～1 060mm
轴距	1 840mm
高	2 100mm

代表机型：五征 NS704C 轮式拖拉机

该机型由山东五征集团研制，该机型具有 10+2 内置边减变速箱；可选装 10+10 梭形挡和 20+4 爬行挡，能够满足不同作业需求；配置可调方向盘，提高驾驶舒适性，满足不同的作业环境需求。该机具有性能优越、轴距短、结构紧凑、操纵方便、乘坐舒适、低振动、低耗油等特点，是果园作业的优选机型（图 4-2、表 4-2）。

图 4-2　五征 NS704C 轮式拖拉机

表 4-2　五征 NS704C 轮式拖拉机主要技术参数

名称	参数
型式	4×4 轮式
外形尺寸（长×宽×高）	3 470mm×1 500mm×2 460mm
轴距	1 860mm
离合器型式	干式、单片、常结合式
变速箱型式	（1+1）×5×2 组成式
悬挂装置型式	后三点悬挂
动力输出轴转速	540/750r/min

代表机型：东方红 ME704-N 轮式拖拉机

该机型由中国一拖集团有限公司研制，该机型提升油缸加粗，提升力加大至 14kN，更强劲。悬挂升级，挂下拉杆支座采用简支梁铰接结构，承载力更大，性能更稳定可靠。传动系加强 PTO 升级，桥壳体强化，加大动力输出中心距，承载力更大，动力输出更高效。加强型前桥高地隙，应用加强型前桥，质量稳定可靠，使用寿命更长；最高地隙可达 430mm，超强的越埂性能，水旱兼作，可满足中耕需求（图 4-3、表 4-3）。

图 4-3　东方红 ME704-N 轮式拖拉机

表 4-3　东方红 ME704-N 轮式拖拉机主要技术参数

名称	参数
外形尺寸（长×宽×高）	3 660mm×1 515mm×2 745mm
轴距	1 830mm
发动机型号	扬动 4100 增压
前轮轮距	940mm、1 000mm、1 060mm、1 120mm
后轮轮距	900~1 100mm
动力输出轴转速	540/720r/min

二、果园苗圃机械

果园苗圃机械包括播种、起苗、移栽等多项作业使用的机械。果树苗圃播种机，工作幅宽同苗床的宽度相适应，机器沿苗床行进而设有导向装置，其开沟、播种与覆土装置均与一般播种机相同。果树苗木出圃或假植时使用的起苗机，由拖拉机牵引或悬挂，作业时切开苗垄土垡并切断苗根和松碎土垡，然后由人工或机械从松碎的土垡中拣出苗木。小苗起苗机适宜于挖掘高 600mm 左右、根直径在2 310mm以内的树苗，挖苗深度达 320mm。大苗起苗机的挖苗刀装在机架的一侧，上面没有横梁，以便使树苗顺利通过。新建苗圃或是果园中，苗木的移栽是一项工作量极大的作业项目，一般人工移栽需要耗费大量劳动成本，因此移栽机的使用将会大大提高果园或是苗圃的作业效率。

代表机型：QH-WSJ 果园断根移栽机/种植起树机

该机型由曲阜市启航机械有限公司生产，可轻松地切入红壤、棕壤、褐土、黑土、栗钙土、漠土、潮土、灌淤土、水稻土、湿土（草甸、沼泽土）、盐碱土、含石块的岩性土和高山土等土石中，并切断泥土中的树根。作业范围广，幼苗、苗圃起苗、山林古树均可使用，直径 20～400mm 的树木都可断根取苗。采用单人便携式操作，重量轻、使用方便（图 4-4、表 4-4）。

图 4-4　QH-WSJ 果园断根移栽机/种植起树机

表 4-4　QH-WSJ 果园断根移栽机/种植起树机主要技术参数

名称	参数
净重	20. 5kg
冲击功率	20~65J
引擎功率	3 000W
冲击频率	1 500BPM
容积	1. 3L
引擎	520 二冲程/单缸/风冷
排量	78cc

代表机型：拓普好马克挖树机

该机型由山东潍坊拓普机械制造有限公司研制，引进意大利技术，体积小巧灵活，橡胶履带伸缩式设计，可调节机身宽度，最窄 1m，最宽 1.4m，履带可前后左右调节，行间距两米以上都可进行挖树，适应于多种地形，排水渠都能过；固定形状的圆弧刀片，使挖出的树球规格标准统一；通过高频振动进行快速切割，保持了完整的土球和平整的切割面，提高树木的移栽成活率。旋刀式圆弧刀设计，增加了挖树的种类范围，乔木、灌木、丛生等多种不同类树木品种都可挖球；通过更换规格不同的刀片进行实现挖出不同规格的树球，挖树球直径范围 400~1 400mm（图 4-5、表 4-5）。

图 4-5　拓普好马克挖树机

表 4-5 拓普好马克挖树机主要技术参数

名称	参数
土球范围	400～1 400mm
4 缸涡轮增压柴油发动机	2 370CC
一挡时速	2.2km/h
二挡时速	4.5km/h
行走系统	履带式自走
车身重量（不含刀头）	2 050kg
重量（含刀头）	2 280kg
长度（不含刀头）	2 820mm
宽度（轨道打开）	1 430mm
宽度（轨道关闭）	1 000mm
高度	2 250mm
功率	36.5kW

三、果园栽植挖坑机械

果树栽植挖坑机具有省力省时、操作简单、使用方便、成孔效率高和运行费用低等特点，适用于果树建园定植、果园挖坑追肥等作业。小型汽油挖坑机，由小型通用汽油机、超越离合器、高减速比传动箱及特殊钻具组成，适合于 20°以下的坡地果树栽植。拖拉机挖坑机，设计合理、结构紧凑、使用灵活、操作方便，是果树挖坑建园的得力设备。

代表机型：沃丰 1WX-230 种树挖坑机

该机型由济南沃丰机械有限公司研制，适用于<20°以下坡地、沙地、硬质土地，适合大面积植树造林，是道路两侧及果园植树的理想挖穴机械。可与拖拉机直接配套。只需拖拉机手一人

操作，通过操纵杆掌握钻挖头的起落、浮动以及钻挖深度。操作熟练时，挖坑速度是人工的60倍，且具有钻挖平稳、坑形规整、土壤集中的优势（图4-6、表4-6）。

图4-6　沃丰1WX-230种树挖坑机

表4-6　沃丰1WX-230种树挖坑机主要技术参数

名称	参数
外形尺寸（长×宽×高）	2 300mm×800mm×1 650mm
直径	230mm
工作深度	400~700mm
配套动力	14. 7~29. 4kW
重量	150kg
POT输出速度	540r/min
齿轮箱比率	2. 92：1
挂接方式	三点悬挂

四、果园耕作机械

果园耕作机械具有特殊结构或附加装置，其工作部件尽量靠近果树树干进行作业，或能同时进行果树行间及株间作业。一种是果园犁，一般在铧式犁的尾部，附装一组活动犁体，前端有一触杆，触杆同树干接触时，可使附装犁体提升绕过树干。另一种是果园偏置犁，犁体安装在偏牵引装置后面，使犁体能靠近果树耕作，耙的中心线偏离拖拉机的牵引线或悬挂点，可使耙片接近树干而拖拉机距树干较远。果园微耕机，以小型柴油机或汽油机为动力，具有重量轻、体积小、结构简单等特点，配备相应农具可完成旋耕、犁耕、播种、抽水、喷药、发电和运输等多项作业。

代表机型：莱州奥伦 3TG-5. 5Q 田园管理机

该机型由山东莱州奥伦农业机械有限公司生产，体积小、质量轻、操作灵活、安全方便、功能多、一机多用，可进行起垄、旋耕等多种田园作业（图 4-7、表 4-7）。

图 4-7 莱州奥伦 3TG-5. 5Q 田园管理机

表 4-7　莱州奥伦 3TG-5.5Q 田园管理机主要技术参数

名称	参数
标定功率	5.5kW，汽油机
结构质量	112kg
外形尺寸（长×宽×高）	1 700mm×580mm×1 100mm
工作幅宽	120mm
传动方式（发动机输出）	皮带传动
传动方式（刀辊）	链传动
旋耕刀型号	WGP180
总安装刀数量	10 把
主离合器型式	张紧式
配套动力型号	177F/P

代表机型：RH-XGJ-186 新型自走式果园微耕机

该机型由曲阜市润华机械制造有限公司生产，手扶式果园微耕机，是根据丘陵山区地块小、高差大、又无机耕道而设计的。该机型适合在沙质地进行松土、中耕和除草，开沟筑垄，广泛适用于大棚、烟草、苗圃、果园、菜园、茶园的管理，具有重量轻、体积小、结构简单、操作方便、易于维修、油耗低的特点(图 4-8、表 4-8)。

图 4-8　RH-XGJ-186 新型自走式果园微耕机

表 4-8　RH-XGJ-186 新型自走式果园微耕机主要技术参数

名称	参数
外形尺寸（长×宽×高）	1 500mm×700mm×1 200mm
配套动力	5. 5kW
轮距	400mm
耕幅	800mm
转速	1 400r/min
作业效率	0. 2hm^2/h
净重	85kg

五、果园施肥机械

果园施肥机械主要为开沟挖穴施肥机具和土壤施基肥机械。果园振动深松施肥机，适用于苹果、葡萄等果树土壤施用化肥、有机肥作业，施肥深度可以调节，能根据果树生长的不同要求把肥料送到其根部，提高了果树对养分的吸收能力和肥料的利用率。果园深度开沟施肥机，采用圆盘旋转铣抛的开沟方式和一级弧齿锥齿轮传动系统，可对苹果、葡萄等果园进行开沟施肥，大大提高了生产力，减轻了果农的劳动强度，其作业深度可达500mm。

代表机型：森海2FSS-80深松开沟施肥机

该机型由潍坊森海机械制造有限公司研制，开沟深度大、作业质量好、效率高，特别适用于经济苗圃和绿化苗圃中颗粒化肥及农家有机肥的深施作业（图4-9、表4-9）。

图4-9　森海2FSS-80深松开沟施肥机

表 4-9　森海 2FSS-80 深松开沟施肥机主要技术参数

名称	参数
外形尺寸（长×宽×高）	1 670mm×1 450mm×1 450mm
整机质量	450kg
配套动力	22. 0~55. 8kW
开沟深度	160mm
开沟松土刀形式	圆盘式刀片
排肥器形式	外槽轮式
作业行数	1~2 行
作业效率	0. 2~0. 4hm^2/h

代表机型：2F-30 型自走式多功能施肥机

该机型由高密市益丰机械有限公司研制，通过换接机具可实现一机多用，主要用于果园开沟、施肥、旋耕、喷药、除草、枝条粉碎、起垄、运输、开沟排水作业。该机型体积小，操作灵敏，可原地转向，其工作标准化程度和工作效率高（图 4-10、表 4-10）。

图 4-10　2F-30 型自走式多功能施肥机

表 4-10　2F-30 型自走式多功能施肥机主要技术参数

名称	参数
外形尺寸（长×宽×高）	2 490mm×1 000mm×920mm
开沟深度	300mm
开沟宽度	300mm
施肥深度	200～300mm
施肥量	0～6L/m
整机质量	910kg（不含喷药功能）
作业速度	450～1 200m/h

六、果园除草机械

果园除草机又称割草机、剪草机等，是一种用于修剪果园行间草坪、植被等的机械。果园割草机由发动机、行走轮、行走机构、刀盘、刀片、扶手和控制部分组成，可分为智能化半自动拖行式、后推行式、坐骑式、拖拉机悬挂式等。

目前较为常见的除草机械一般可分为圆盘式除草机、滚刀式除草机和往复式除草机。圆盘式除草机工作速度快、除草效率高。滚刀式除草机则利用滚刀旋转带动草茎相对转动实现割草，在作业过程中可以有效破碎土块，增强土壤透气性。往复式割草机依靠切割器上的动刀和定刀的相对剪切运动切割果园杂草，割茬较为整齐。

代表机型：烟台成峰机械 SKK80 多功能遥控割草机

该机型由烟台成峰机械科技有限公司研制，油电混合动力，自带发电供电系统，工作过程中自动充电。变速箱采用行星齿轮垂直输出变速箱，体积小，速比大，动能损耗小，可承重 400kg。留草高度 30~150mm 可调，割草速度遥控可调。停车自动刹车，适合陡坡作业。远程遥控操作，遥控距离 200m 以上。加强底盘，机身低矮，坦克式设计，爬坡过沟是强项，特别适合堤坝、果园、丘陵、梯田和绿化割草（图 4-11、表 4-11）。

图 4-11　烟台成峰机械 SKK80 多功能遥控割草机

有 4-11　烟台成峰机械 SKK80 多功能遥控割草机主要技术参数

名称	参数
外形尺寸（长×宽×高）	1 140mm×1 140mm×620mm
结构质量	280kg
履带宽度	120mm
配套动力　标定功率	11.8kW

（续表）

名称	参数
配套动力　额定转速	3 600r/min
行走电机　额定功率	1.6kW
行走电机　转速	1 000~3 000r/min
行走电机　行走速度	0~5km/h
发电机　额定功率	5kW
割幅	800mm

代表机型：泉樱 QY42R-DQ 遥控割草机

该机型由烟台新奇立农业机械有限公司研制，可原地 360°旋转，来回均可割草。在同样割幅的割草机中，三维尺寸是最小的，对草的适应能力强（图 4-12、表 4-12）。

图 4-12　泉樱 QY42R-DQ 遥控割草机

表 4-12　泉樱 QY42R-DQ 遥控割草机主要技术参数

名称	参数
外形尺寸（长×宽×高）	1 100mm×1 180mm×650mm
割幅	950mm
割草效率	3 300m^2/h
燃油消耗	2L/h
速度调节	0~1.2m/s
割草留高调节	70~170mm
遥控距离	200m

七、果园灌溉机械

果园灌溉机械主要包括农用水泵、节水灌溉设备和水肥一体化系统。农用水泵是输送液体或使液体增压的机械。节水灌溉设备是指具有节水功能用于灌溉的机械设备统称，其种类主要有喷灌式、微灌式、全塑节水灌溉系统。水肥一体化是将灌溉与施肥融为一体的农业新技术，根据果树不同生长期需水、需肥规律和土壤状况，借助压力系统（或地形自然落差），将可溶性固体或液体肥料配对成的肥液，与灌溉水一起通过管道和滴头形成滴灌，均匀、定时、定量，浸润果树根系发育生长区域。

近几年，我国果园灌溉技术取得了较大进步，但大部分地区仍采用漫灌、沟灌等方式，灌水周期长，一次性灌水量多，水分利用率低。低压管道输水、喷灌、微水灌溉、移动灌溉等喷灌方式在部分地区果园逐步推广应用，一般通过智能控制技术对灌溉水量、均匀度、肥料进行精量控制。近年随着灌溉技术的发展，一些新的灌溉理念与方法也逐步向果园推广，如局部灌溉、根区交替灌溉、调亏灌溉等。这些先进灌溉理念的应用与推广，缓解了淡水资源匮乏的问题，同时进一步促进了果园节水增产，具有显著的经济与生态效益。

代表机型：水肥一体机 SD-ZNX-E

该机型由山东圣大节水科技有限公司制造，施肥浇水功能一键切换，提高农药利用率，采用水肥一体化技术在浇水施肥的同时将专用农药随水肥一起集中施到根部，能充分发挥药效，有效抑制作物病虫害的发生，并且每亩农药用量减少。使用水肥一体机，可根据作物需要定时定量精准施肥，减少肥料用量，减少农药用量，节约水资源，保护环境。在传统沟畦灌较大灌水量的作用下，土壤受到较多的冲刷、压实和侵蚀，若不及时中耕松土，会导致严重板结，通气性下降，土壤结构遭到一定程度破坏。而通过喷滴灌系统，水分缓慢均匀地渗入土壤，对土壤结构能起到保持作用（图 4-13、表 4-13）。

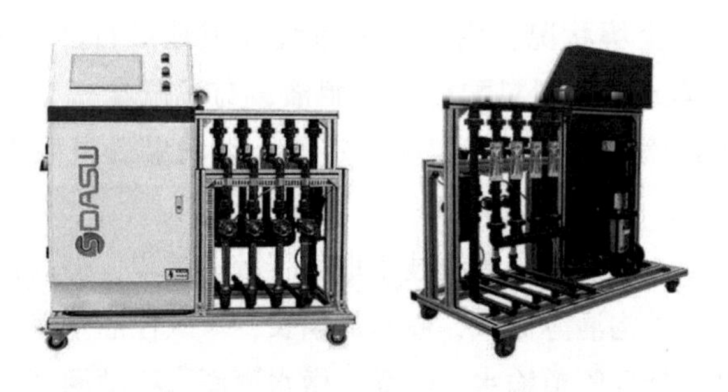

图 4-13　水肥一体机 SD-ZNX-E

表 4-13　水肥一体机 SD-ZNX-E 主要技术参数

名称	参数
流量	$4m^3/h$
扬程	64m
整机尺寸	1 160mm×600mm×1 350mm
设备功率	1. 5kW
工作电压	220/380V
工作压力	0. 1~0. 65MPa
吸肥量	600L/h

八、果园修剪机械

果树修剪机主要有两类：一是整株几何修剪机，在拖拉机上安装可以上下升降、左右转动的外伸作业臂，臂端装有液压驱动的切割器，切割器有往复割刀式修剪机、旋转刀盘式修剪机和圆盘锯式修剪机等；二是单枝修剪机具，包括修枝剪、高枝剪、折叠刀式锯、动力圆盘锯和动力链锯等。自动升降作业台是在农用拖拉机上装设由立柱和伸缩臂支承的作业台，可将修剪人员升运到需要的工位去进行修剪作业。

代表机型：FE1D01-02 修剪机

该机型由威海中颐现代农装科技有限公司研制，是根据现代化宽行密植果园冬季、夏季和秋季对行间枝条进行统一初步修剪而开发的机械化修剪装备，整机全液压传动与控制，操作简便，修剪效率高。修剪机安装于拖拉机前部，操作者通过电控或手动控制液压阀可灵活对修剪机的修剪高度、修剪角度、侧伸宽度进行调节，工作轻松便捷（图4-14、表4-14）。

图4-14　FE1D01-02修剪机

表4-14　FE1D01-02修剪机主要技术参数

名称	参数
外形尺寸（长×宽×高）	1 550mm×570mm×2 600mm
剪刀高度（不含车辆高度）	2 600mm+1 000mm（液压缸行程）
横向宽度（距车中心）	820mm+700mm（液压缸行程）
修枝角度	90°±20°
修枝直径	≤30mm
整机质量	270kg
驱动方式	液压驱动
配套动力	≥36. 8kW
安装方式	拖拉机前置安装
安装后高度	2 400mm+500mm

代表机型：往复割刀式剪枝机

该机型由乌鲁木齐优尼克生物科技有限公司研制，往复割刀式剪枝机是在拖拉机的牵引下，利用拖拉机的液压系统作为动力源，根据枝条修剪的农艺要求和实际情况，由液压系统带动调节修剪枝条的高度和宽度，与一侧竖剪枝刀在液压马达驱动下同时往复剪切工作，纵刀和横刀夹角可调节，从而适应多种果树应用(图4-15、表4-15)。

图4-15　往复割刀式剪枝机

表4-15　往复割刀式剪枝机主要技术参数

名称	参数
切削宽度	300~1 200mm
切削高度	1 400~2 100mm
作业行数	1行
枝条切削率	≥90%
配套动力	14.7kW 以上轮式拖拉机
生产效率	1 500~3 000m/h

代表机型：大口径电动修枝剪

该机型由山东友大机械制造有限公司生产，简单轻便，成本低，噪声小，耐疲劳性好。电动修枝剪部分机型可配伸缩杆、移动锂电池等，是农户常用的辅助工具（图 4-16、表 4-16）。

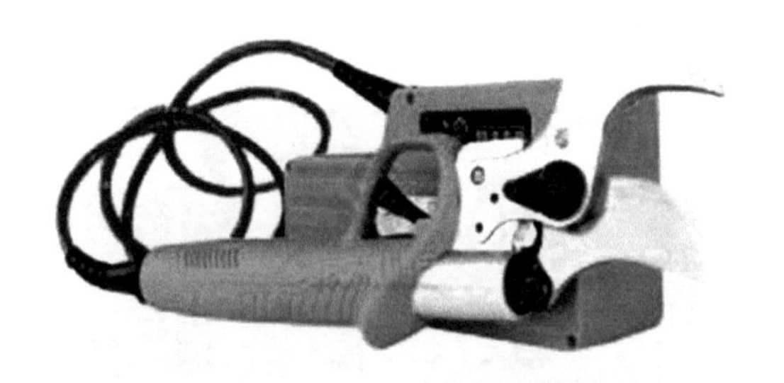

图 4-16　大口径电动修枝剪

表 4-16　大口径电动修枝剪主要技术参数

名称	参数
剪切直径	50mm
开口大小	30mm 和 50mm 可切换
剪刀重量	0. 9kg
锂电池	36V，4Ah/144Wh
功率	450W
电池重量	1. 4kg
使用时间	8～10h

九、疏花疏果机械

疏花疏果是优质果品生产过程中的一项重要栽培技术措施。其主要目的是通过防止过量结实以提升果实品质、减轻树体损伤、减少养分消耗、提高树体抗性，还可以有效防止一些树种或品种因过量结实而造成的花芽分化数量减少或不分化花芽等现象的发生，提高其花芽分化的质量，从而减少或避免大小年现象的发生。

疏花疏果的主要方法有人工法、化学法和机械法 3 种。传统的疏花疏果依靠人工进行，需要大量劳动力，是导致果品成本高的主要因素。化学疏除主要通过向果树喷施化学试剂去除多余的花朵和果实，调节植物光合作用或者授粉等生产能力，对果品质量有一定的影响，并不推荐使用。机械疏花疏果是比较新的技术，可直接去除多余的花朵和果实，但机械疏除的准确度不高，会对树体造成一定伤害，目前在国内应用还比较少。

目前国外多采用大型机械胶条随机疏花方法，对果树品种、栽植方式、树形结构、修剪方法都有严格要求，这种大型机械及相关技术目前尚不能完全适应我国北方果树生产的现状。国内很多科研人员仍在农机农艺融合方面不断开展研究，是未来疏花疏果装备的主要研究方向。而国外对便携式单人用机械疏花蔬果装置的研究都处于初期阶段，尚无比较成熟的专利研究成果。国内小型辅助工具主要有电动疏花疏果器，虽然无法完全替代人工，但是可以降低劳动强度，提高作业效率，现阶段还是非常实用的。

代表机型：三节臂机载式疏花机

该机型由江苏省农业科学院农业设施与装备研究所设计，可用于“Y”形棚架等适宜机械化疏花的梨园作业。拖拉机动力输出轴通过传动轴带动液压泵转动，液压泵为液压缸伸缩运动提供动力，液路分配阀控制液压缸伸缩行程，使得活动梁相对基架横向移动，以实时控制疏花距离；3 组疏花节臂根据需要，灵活安装于竖直杆的不同位置上；疏花节臂伸缩杆相对疏花节臂支架，可沿一定方向在 0~0.5m 长度范围内固定；疏花轴动力总成连同疏花轴，可沿某一方向在疏花节臂支架周向 270° 内固定(图 4-17)。

图 4-17　三节臂机载式疏花机

代表机型：悬挂式电动柔性疏花机

该机型由华南农业大学设计，是一种悬挂式电动柔性疏花机。该机型采用超声波冠形探测方法，开发了嵌入式仿形疏花控制系统，工作过程中通过测距杆的 2 个超声波传感器组计算出疏花架与目标果树树冠轮廓的平行度，微处理器发送角度控制信号驱动仿形步进电动机工作，带动疏花架绕活动底座转动到与目标果树冠层平行的角度位置，通过控制疏花无刷直流电动机带动疏花胶条组以不同的转速甩击果树花穗，从而实现机械化柔性疏花（图 4-18）。

图 4-18　悬挂式电动柔性疏花机

代表机型：电动疏果器

该机型由烟台梦现自动化设备有限公司研制，是一款体积小、重量轻、操作简单的智能化手持设备，适合多种类型的果园，有利于提高结实率，使果实之间拥有一个合理间距，为后期的套袋工作打下了良好的基础（图 4-19、表 4-17）。

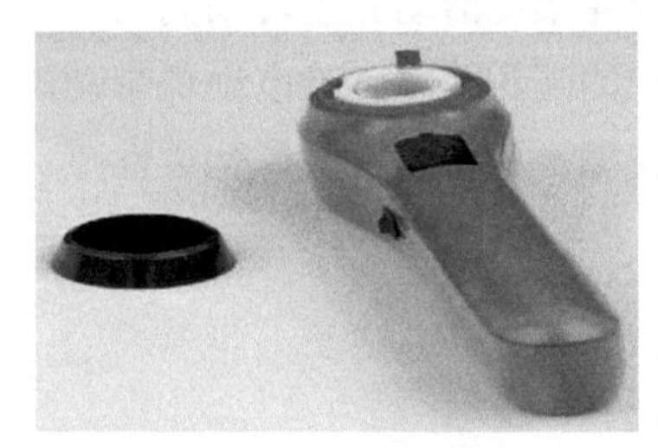

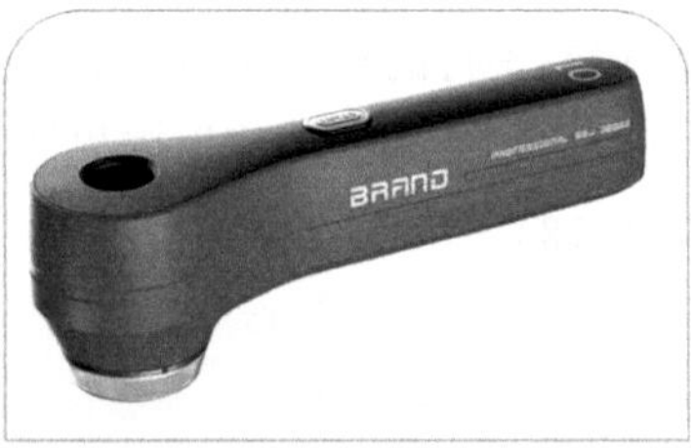

图 4-19　电动疏果器

表 4-17　电动疏果器主要技术参数

名称	参数
额定电压	12V
额定功率	2. 4W
工作时间	≥10h
锂电池	3. 6V
转速	180r/min

十、果园植保机械

果园植保机械主要用于防治病、虫、杂草等有害生物，通常指化学防治时使用的机械和工具，此外还包括利用热能、光能、电流、电磁波、超声波、射线等物理方法所使用的机械和设备。

植保机械的分类方法：按所用的动力可分为人力（手动）植保机械、畜力植保机械、小动力植保机械、拖拉机配套植保机械、自走式植保机械和航空植保机械；按施用化学药剂的方法可分为喷雾机、喷粉机、土壤处理机、种子处理机和撒颗粒机等。

自走式喷雾机有轮式和履带式，具有结构紧凑、动力强劲、操作方便、喷洒均匀、雾化状态好、喷洒幅度大和工作效率高等特点，特别适合在矮砧苹果基地等集约化生产经营果园应用。

代表机型：永佳 3WZ-400LD 自走式风送喷雾机

该机型由山东永佳动力股份有限公司研制，适合在标准化种植模式的苹果园进行大规模病虫害防治。一体化设计，可靠性更高。采用履带式，转弯半径小，可以实现原地 180°掉头行驶，提高了机器在果园中的通过能力；拉杆式转向方式，简单、可靠、易操作；使用电磁离合器控制风机和三缸泵，控制更加灵敏；准确射流搅拌技术，防止药液在药箱内沉淀，使药液更均匀（图 4-20、表 4-18）。

图 4-20　永佳 3WZ-400LD 自走式风送喷雾机

表 4-18 永佳 3WZ-400LD 自走式风送喷雾机主要技术参数

名称	参数
外形尺寸（长×宽×高）	2 530mm×1 000mm×1 120mm
质量	647kg
喷幅	15m
额定功率	17.2kW
药箱容量	400L
风送机转速	2 800r/min
风送机标定功率	10.9kW
风送机喷出口直径	575mm
风送机固定叶片	10
风送机旋转叶片	9
风送机动力传动方式	电磁离合器

代表机型：3WFZ-400A 风送式喷雾机

该机型由山东开创机械制造有限公司研制，整机机架采用高温喷塑工艺，防锈、耐腐蚀、抗老化；配套动力可定制电启动（柴油机/汽油机）。药箱采用加厚高强度吹塑或滚塑工艺，耐腐蚀、抗老化；精密三级过滤，防堵塞，易清洗。采用陶瓷喷头，喷头体采用铜材质，喷管采用 304 壁厚 2.5mm 不锈钢管制成；喷头可单独关闭，可 360°调节喷雾角度。配套高压射流搅拌系统，药液在桶内可充分混合搅拌，无沉淀。整机结构简单，购置成本低，适用性强（图 4-21、表 4-19）。

图 4-21　3WFZ-400A 风送式喷雾机

表 4-19　3WFZ-400A 风送式喷雾机主要技术参数

名称	参数
外形尺寸（长×宽×高）	圆式风机：2 800mm×1 000mm×1 100mm 塔式风机：2 800mm×1 000mm×1 600mm
喷头数量	圆式风机：12 个 塔式风机：14 个
配套动力	192F 柴油机
额定功率	8. 2kW
启动方式	电启动
行走速度	2. 0~4. 8km/h
药泵流量	32~48L/min
工作压力	0~4MPa
药箱容积	400L
搅拌方式	回水搅拌

代表机型：QYZB-2 泉樱自走式遥控喷雾机

该机型由烟台新奇立农业机械有限公司研制，喷雾效率高，单侧喷幅 6~8m；油耗低，每亩油耗 0.08L；药物附着利用率高，雾化效果好，雾滴直径可达 100μm，渗透性强；每小时可工作 10~15 亩；操作灵活，可原地转弯，狭小空间也可操作；高精陶瓷喷片（或不锈钢），耐用性好；整机防水性能优于同类产品，每个喷头可单独开关，压力可调，方向可调；可遥控操作，人药分离；履带底盘通过性好，抓地力强，动力足可爬坡作业，可以雨后及时喷药；相比风送喷雾机，压送出雾，更静音柔和，喷雾细腻柔和不生风；自带照明灯，可以夜间作业（图 4-22、表 4-20）。

图 4-22　QYZB-2 泉樱自走式遥控喷雾机

表 4-20　QYZB-2 泉樱自走式遥控喷雾机主要技术参数

名称		参数
外形尺寸（长×宽×高）		2 150mm×1 260mm×760mm
整机质量（空载）		512kg
动力系统	动力类型	油电混合动力
	油耗	1.2L/h，0.08L/亩（0.5~0.6 元/亩）
	最快行走速度	1.4m/s
	最小转弯半径	0m
	最大爬坡坡度	50°
	最大作业坡度	30°
喷洒系统	喷洒方式	压送式
	作业箱容积	300L（可定制）
	喷头数量	8+n 个
	雾化粒径	100~500μm
	喷幅	6~8m
遥控器信号有效距离		1 000m

代表机型：极飞 V50 pro 2023 农业无人飞机

该机型由广州极飞科技股份有限公司研制，采用轻巧的折叠双旋翼，大大减少了收纳空间，分体平台设计，可自由换装睿喷、睿播系统，最快飞行速度可达 13.8m/s，适合在大田、果园中使用。睿喷时，细腻雾化，睿播时，垂直精播，播幅可控。配合电池水冷超充，两块电池可实现循环作业。配合极飞农服 4.0 App 软件系统，一部手机便可实现全自主作业。基于北斗 RTK（实时动态）技术的先进惯导系统，结合下视视觉定位模块，当

RTK 定位信号突然消失时，高精度导航还能维持 10min。支持 ACS2 单手遥控器和 ARC3 Pro 双手遥控器，操控农业无人飞机时，需时刻注意田间状况，如出现定位偏差应注意及时接管，避免发生安全事故（图 4-23、表 4-21）。

图 4-23　极飞 V50 pro 2023 农业无人飞机

表 4-21　极飞 V50 pro 2023 农业无人飞机主要技术参数

名称	参数
外形尺寸（长×宽×高）：桨叶展开	3 018mm×1 415mm×583mm
外形尺寸（长×宽×高）：桨叶折叠，机臂折叠	525mm×1 069mm×511mm
对称电机轴距	1 604mm
飞行平台质量	25. 5kg
额定载重	20kg
最快飞行速度	13. 8m/s
电机额定功率	4 100W
离心雾化喷头雾化粒径	60~400μm
喷幅	5~10m

十一、智能套袋机械

苹果套袋可以有效地改善苹果的外观和品质，同时，减少农药的残留。苹果在套袋以后，它的着色面积可以达到99%以上，而在自然的条件下，苹果的树冠外围果实着色的面积还不到50%。不同的苹果在套袋的时候，可选择不同的纸袋类型。一般来说，金帅品种的苹果需要选择质量比较好的单层袋，而比较难上色的富士苹果，最好选用优质的双层袋。当然，根据我国各地的天气条件和不同的应用目的，对于纸袋的选择都是不同的，大部分的苹果纸袋具有不怕风吹雨淋、不易破碎等优点，另外它的透气度也是很强的，可以有效的透气，使纸袋保持水气畅通，甚至对于防病虫也具有一定的作用。但套袋、摘袋导致需要大量人工，因此研制能够用于套袋、摘袋环节的机械装备十分必要。由于套袋是一项精细化作业，需要考虑的综合因素较多，当前相关的套袋设备仍较少。

代表机型：速美果智能水果套袋机

该机型由烟台梦现自动化设备有限公司研发，主要基于光电控制技术，实现了自动精确送袋、张袋、打钉、封口等功能。应用负压泵通过吸盘负压吸附的原理，实现脱附开袋功能，使纸袋精确完成吸附、输送、张开、分离等动作，且当日套袋数量可自动统计。该机体积小，易携带，操作简单，可适应不同厚度纸袋的精准套袋，在胶东地区已开始推广应用。使用该机可有效提高套袋效率，同时降低劳动强度，果农平均每天可完成套袋10 000~12 000个，套袋效率是人工操作的3~4倍，一次性使用可达10h，最大程度满足果农作业需求（图4-24、表4-22）。

图4-24　速美果智能水果套袋机

表4-22　速美果智能水果套袋机主要技术参数

名称	参数
外形尺寸（长×宽×高）	370mm×125mm×100mm
单次果袋装载量	50个
封口时间	1s
封口后复位时间	≤1s
电池续航能力	≥10h
单机质量	800g
操控模式	触控
每小时套袋量	800~1 200个

十二、果园采收机械

果品自动化采收机是利用气力、机械振动或机械撞击等方法使果实脱离果枝，接果装置有倒伞型、对开型、鱼鳞型等。机械采果工效高，但果实损伤较大，只适宜采收加工用果品，并需配备相应的运输、储存和加工设施，使采收的果品得到及时处理。欧洲采收苹果主要靠人工采摘，配合机械传送到集装箱。

我国苹果多数种植于丘陵、山地等地区，果实的采收作业是一项费时费力的工作，果树的采摘仍以人工作业为主，劳动强度大，且高处和地形复杂处的果实难以采摘，生产效率较低。目前针对果树直接采摘果实的机械在国内还并不多见，为了提高果树采摘作业效率，一些适合果园采摘作业的果园管理辅助机械逐渐兴起，多功能升降平台就是目前果园管理辅助机械的代表。

代表机型：4PZ-120 型自走式果园采摘平台

该机型由潍坊森海机械制造有限公司自主研发，是现代化果园集采摘、运输、修剪等作业于一体的多功能自走式果园采摘平台。两侧平台的高度和宽度根据作业需要可灵活调整，调整方式为液压驱动。作业平台配套动力为 8.5kW，最大举升高度为 1.8m，平台展开宽度为 1.5m，承载能力为 300kg，作业速度为前进 6 挡、后退 2 挡（可调）（图 4-25、表 4-23）。

图 4-25　4PZ-120 型自走式果园采摘平台

表 4-23　4PZ-120 型自走式果园采摘平台主要技术参数

名称	参数
外形尺寸（长×宽×高）	2 850mm×1 200mm×1 750mm
平台最高离地高度	1. 8m
平台初始高度	0. 6m
平台初始宽度	1. 2m
空载质量	910kg
平台最大展开宽度	2. 6m
最大负载	300kg

代表机型：杰瑞华创自走式果园作业平台

该机型由杰瑞华创科技有限公司研制，适用于标准化种植的苹果园。由人工执行采摘作业，通过输送码放系统实现果实自动装箱，结合梯次配置的作业平台，将采收效率提高 5 倍以上。并且通过搭载不同模块，可以在树枝修剪、疏花疏果、树枝粉碎、摘套袋等果园管理环节提高作业效率（图 4-26、表 4-24）。

图 4-26　杰瑞华创自走式果园作业平台

表 4-24　杰瑞华创自走式果园作业平台主要技术参数

名称	参数
外形尺寸（非展开）（长×宽×高）	3 800mm×1 650mm×2 600mm
驱动形式（可切换，可定制）	四驱四轮转向
设备质量	2 700kg
最大负载	1 400kg
转弯半径（非展开、内侧）	1 800mm
作业速度	0～6km/h
平台最大高度（可定制）	（1 640±20）mm
最大伸缩宽度	（3 000±30）mm
额定作业人数	12 人
最大传送装箱效率	2 400kg/h

代表机型：潍坊拓普 3GP3CD 多功能果园作业平台

该机型由潍坊拓普机械制造有限公司研制，是一款适应于现代新型果园的多功能采摘平台，适用于果园采摘、套袋、疏花、修剪、搬运等作业环境。体积小，转弯半径小，操作灵活，方便在果园中作业。内置发电机组，可以户外发电，电剪刀等用电工具可方便取电。平台通过液压升降作业高度可达 3.5m，可灵活调整升降速度和高度，液压伸展，宽度可控，最大宽度可达 3m，满足果园宽度需求，后部可加装平板拖车等配件，平台前后都可以摘果和载运，搭配高低采摘工位，单次承载可达 1t（图 4-27、表 4-25）。

图 4-27　潍坊拓普 3GP3CD 多功能果园作业平台

表 4-25　潍坊拓普 3GP3CD 多功能果园作业平台主要技术参数

名称	参数
外形尺寸（长×宽×高）	3 100mm×1 540mm×2 320mm
发动机标定功率/转速	14.7kW，3 600r/min
转弯半径	3 200mm
最快行驶速度	25km/h
发电机功率/电压	5kW/220V

（续表）

名称	参数
液压伸展平台最大作业高度/载重	3 500mm/800kg
液压伸展平台最大尺寸（长×宽）	3 000mm×1 400mm
液压伸展平台最小尺寸（长×宽）	1 500mm×1 400mm
后方斗载重	400kg

十三、转运输送机械

转运输送机械是将各种果园生产资料、果品和生活资料等从一个地点运送到另一个地点的交通工具。常用的转运输送机械有各种农用车辆、拖运平板车和农用索道等，是结构简单、行驶速度较慢的运输机械，主要用于田间运输。

代表机型：潍坊拓普 XL360 果园采摘运输拖车

该机型由潍坊拓普机械制造有限公司研制，是针对国内果园常见种植模式设计的专业运输拖车。此款拖车可搭配多功能作业平台系列产品，也可以两辆拖车相互搭配使用，增加载量。搭配使用可实现一次采摘搬运 1t 以上的水果，形成采摘搬运流水线，节省劳动力。拖车使用的减振扭力轴可以减少果筐在运输过程中的振动，避免果实碰撞损伤。该机型可以搭配各种型号果筐，大、中、小型果筐均可使用。拖车两侧可加装登高踏板，省去采摘工人爬梯的工作量。拖车采用果筐轨道传输，当拖车倾斜落地时，果筐凭借重力惯性可自动下滑卸货，减少人力搬抬（图 4-

28、表 4-26)。

图 4-28　潍坊拓普 XL360 果园采摘运输拖车

表 4-26　潍坊拓普 XL360 果园采摘运输拖车主要技术参数

名称	参数
外形尺寸（长×宽×高）	3 600mm×1 600mm×700mm
空载质量	240kg
载货能力	750kg

代表机型：自走式单轨运输车

该机型由山东源泰机械有限公司生产，单轨运输机可在宽度 800mm 的狭窄空间穿行，可在岩石、土地、沙地等不破坏原来基础环境的情况下架设轨道。在往山上运送货物时，如遇到不具备铺路条件或雨雪天气，使车和人上山困难，此时单轨运输车能更好地解决以上问题（图 4-29、表 4-27）。

图 4-29　自走式单轨运输车

表 4-27　自走式单轨运输车主要技术参数

名称	参数
主机外形尺寸（长×宽×高）	720mm×1 030mm×670mm
载物台外形尺寸（长×宽×高）	1 650mm×600mm×550mm
驱动形式	滚动（滚轮齿孔）式
额定载重	200kg
额定行驶速度	38m/min
最大运行坡度	45°
发动机标定功率	9. 4kW
发动机标定转速	3 600r/min

（续表）

名称	参数
离合器直径	90mm
制动鼓直径	110mm

十四、果品分级清选机械

在规模较大的选果场内，由分选、清选、表面干燥、药剂处理、装箱、称重和贴商标等工序组成流水作业线，其中除装箱一般由人工完成外，其余工序均由机械完成。果品分选机对采收后的果实按规定的标准进行挑选和分级。一般可分为3类：按尺寸分选，使果实沿着不同尺寸网格、筛孔或缝隙的分选筛面移动而分选；按重量分选，利用杠杆平衡原理而分选；按色泽分选，使果实逐个从电子发光点前通过而分选。

代表机型：Fruscan S7四通道水果分选机

该机型由江西绿萌科技控股有限公司研制，可对苹果外部的大小、重量、瑕疵以及内部的糖度、霉心进行分选分级。精细化视觉分选系统由高清相机、视觉光源、控制系统等设备组成，可分选颜色、形状、大小、瑕疵等，支持分选参数客户自主设定。Infrusan 2.0内部品质无损检测系统，不需要切开苹果就能够准确识别内部糖度和霉心情况，方便剔除黑心果，并且将同一品质的苹果输送到同一出口进行包装。无动力滚筒利用推力对胶框或推盘进行输送，让每个苹果单独固定在柔软的果托上，避免果实受到损伤。目前绿萌已经涵盖了苹果、沃柑、梨、西瓜、樱桃等50多种水果分选技术（图4-30）。

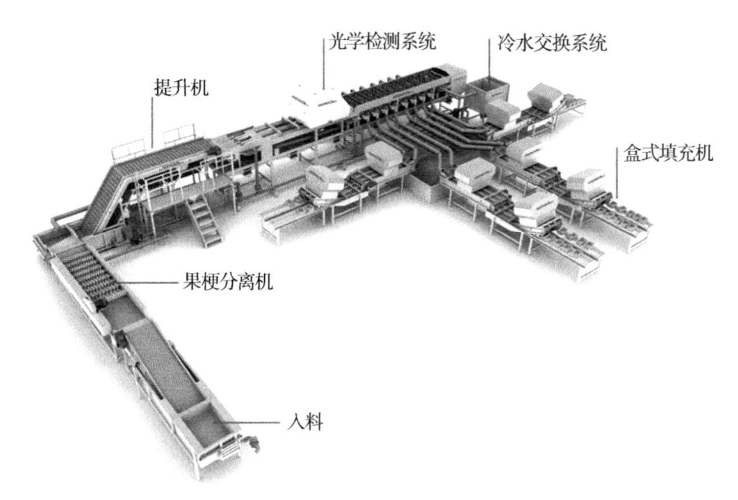

图4-30　Fruscan S7四通道水果分选机

代表机型：自由果托式水果无损分选系统

该机型由浙江开浦科技有限公司研制，自由果托式智能分选系统（中型果）专门针对易损中型水果（苹果、梨、桃、柿子等），采用独立、自由移动托盘，可有效避免磕伤碰伤以及摩擦损伤，实现全程无损分选，并保证检测果品姿态，进一步提高水果检测分选稳定性。该机型可实现易损中型水果形状、长度、宽度、直径、面积、颜色、着色面积以及果品疤痕、霉斑及缝线裂纹、机械表面损伤等实时检测与分级；采用可见/近红外光谱无损检测易损中型果品糖度、酸度、硬度及其他内部缺陷。采用称重、外部品质分级、内部品质分选、自动脱袋、机器人上果、机器人包装等模块化设计，可根据实际需求自由组合配置（图4-31，表4-28）。

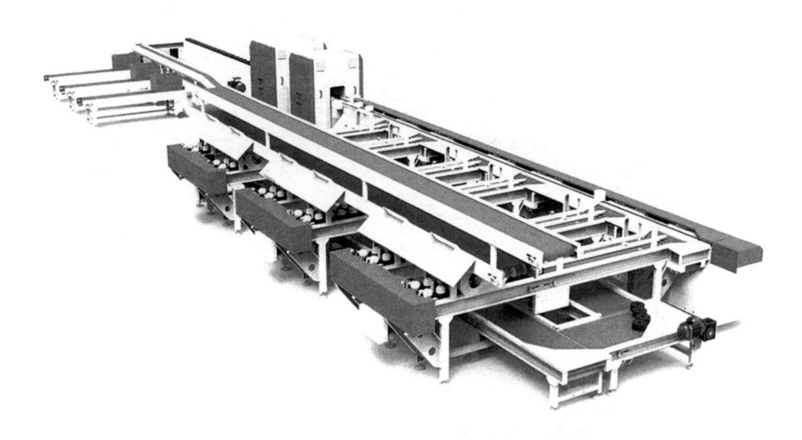

图4-31　自由果托式水果无损分选系统

表4-28　自由果托式水果无损分选系统主要技术参数

名称	参数
外形尺寸（长×宽×高）	9 812 000mm×8 000mm×9 000mm
净重	5 600kg
通道数量	1个，2个
运行速度	每个通道>3个/s
检测内容	尺寸、颜色、瑕疵、重量、形状、内部缺陷、糖度、酸度、糖酸比
糖度精度	±0. 5Brix°
功率	12kW

代表机型：XGJ-SZ自动水果（苹果）分级机

该机型由山东龙口凯祥有限公司研制，为水果重量分选设备，快速分级不伤果，适用于多种水果的分选分级，一机多用，可用于苹果、梨、猕猴桃、马铃薯、番茄、洋葱、桃、李、杏、柿、脐橙、柑橘、甜瓜等球状果蔬分选（图4-32、表4-29）。

图4-32　XGJ-SZ自动水果（苹果）分级机

表4-29　XGJ-SZ自动水果（苹果）分级机主要技术参数

名称	参数
外形尺寸（长×宽×高）	6 000mm×1 800mm×1 000mm
质量	800kg
选果速度	9 600个/h
分选等级	10
分选误差	±2g
分选重量区间	20~2 000g
配套动力	1.1kW

十五、冷藏与保鲜装备

果品保鲜一般不建议使用化学保鲜剂，建议采用物理方法保温，如低温贮藏或者气调保鲜。

低温贮藏是抑制微生物和酶的活性，延长水果蔬菜长存期的一种贮藏方式。保鲜冷库技术是现代水果蔬菜低温保鲜的主要方式。苹果的保鲜温度范围为0~15℃，保鲜贮藏可以降低病原菌的发生率和果实的腐烂率，还可以减缓果品的呼吸代谢过程，从而达到阻止衰败和延长贮藏期的目的。现代冷冻机械的出现，大大地提高了保鲜贮藏水果蔬菜的品质。

气调保鲜是人为控制气体中氮气、氧气、二氧化碳、乙烯等成分比例，以及湿度、温度（冰冻临界点以上）及气压，通过抑制储藏物细胞的呼吸量来延缓其新陈代谢的过程，使之处于近休眠状态，而不是细胞死亡状态，从而能够较长时间的保持被储藏物的质地、色泽、口感、营养等的基本不变，进而达到长期保鲜的效果。即使被保鲜储藏物脱离气调保鲜环境后，其细胞生命活动仍将保持自然环境中的正常新陈代谢，不会很快成熟腐败。

目前常见的苹果冷藏与保鲜装备主要有以下几种。

1. 制氮设备

现阶段在气调库上运用的设备主要有两个种类：吸附分离式的碳分子筛制氮设备、膜分离式的中空纤维膜制氮设备。碳分子筛制氮设备，具备价格较低、配套设备投资较小、单位产气耗能较低、更换吸附剂比更换膜组件便宜、兼具脱除乙烯功能等优势。中空纤维膜制氮设备，具备生产流程相对简单、占地总面积较小、噪声较小、运行稳定性好等优势。

2. 二氧化碳脱除机

分为间断式（通常称的单罐机）和连续式（通常称的双罐机）。库内二氧化碳浓度较高的气体被抽到吸附设备中，经活性炭吸附二氧化碳后，再将吸附后的低二氧化碳浓度气体输入库房，达到脱除二氧化碳的目的。

3. 乙烯脱除机

现阶段脱除乙烯的方式主要有2种：高锰酸钾氧化法、高温催化分解法。前者是用饱和高锰酸钾水溶液（通常浓度为5%~8%）浸透多孔材料（如膨胀珍珠岩、膨胀蛭石、三氧化二铝、分子筛、碎砖块、发泡混凝土等），随后将此载体放进库内、包装箱内或闭路循环系统中，运用高锰酸钾的强氧化性将乙烯氧化脱除。这种方式脱除乙烯十分简单，但脱除效率低，通常用于小型冷库或简易储藏库中。

4. 加湿设备

水混合加湿、超音波加湿和离心雾化加湿是现阶段常见的3种加湿方式。在0℃以上的条件下运用，加湿效果均比较好，可是在负温条件下运用，存在如何使加湿用水防止结冻的问题。

5. 冷却系统

气调保鲜库的制冷设备大多选用活塞式单级压缩冷却系统，以氟利昂R22为制冷剂直接蒸发冷却。

代表机型：CAD科罘达智能气调保鲜一体机

该机型由烟台科达气调设备有限公司研制，同时具有气体浓度分析、脱氧制氮、脱除二氧化碳、加湿、杀菌消毒等功能，多功能有机集成，极大地便利了小微型气调库的安装、维护、操作等。自动变频变压技术，设备效率高，云技术可以实现对手机和电脑的远程监控，可在脱氧、脱二氧化碳、加湿及杀菌消毒工作时合理地分配工作时间，并具有完善的设备性能监测功能和故障感知功能（图4-33）。

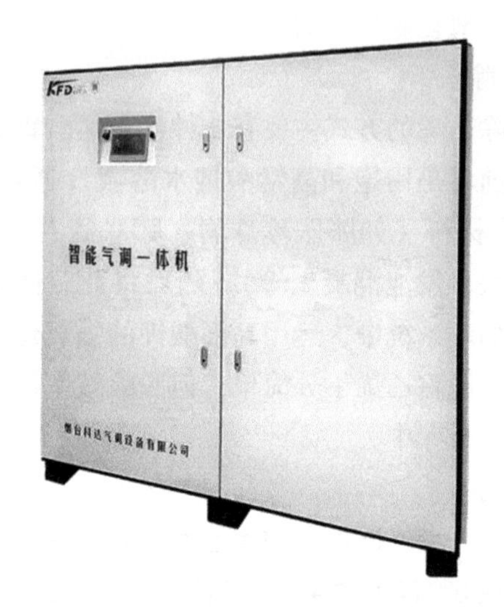

图 4-33　CAD 科罘达智能气调保鲜一体机

代表机型：咖福 CAF 果帐气调机

该机型由龙口市月宫咖福气调设备有限公司研制，果帐气调机能同时给 8~10 个果帐进行气调控制，可独立给每个果帐进行诸如氧气浓度、二氧化碳浓度的设定，自动地对每个果帐进行气体浓度检测并根据实际值与设定值进行对比，然后对各果帐进行氧气和二氧化碳浓度控制，从而维持各果帐内部氧气和二氧化碳气体浓度的稳定。果帐气调系统是适合我国气调特点的全新的气调保鲜方法，它有效地解决了果蔬气调库建造成本高、建造难度大、维护成本高、出入库业务受限等难点，利用普通冷风库、采用果帐气调机给单间冷风库内众多的果帐进行独立气调控制，使用高效，即用即做、不用即撤，大大方便了作业操作，提高了库房的使用率（图 4-34）。

图 4-34　咖福 CAF 果帐气调机

十六、自动套网装备

苹果从生产地运输到出售地，在运输的过程中由于车辆的颠簸，苹果之间的碰撞是难以避免的，一旦苹果之间发生碰撞，就会很容易出现伤痕，出现伤痕的苹果很容易腐烂，用塑料网套包装水果特别是单果包装是目前常用的避免机械损伤的方法。塑料网套重量轻，成本低，便于运输，既具有一定的弹性和柔软度，又有较好的拉伸性，可以有效的起到缓解和防震作用，从而避免苹果在储运中由于碰撞和挤压造成破损。但是套网包装的过程需要大量劳动力，且作业突击性强。苹果从冷库到装车的时间要求越短越好，装车之前不能提前太早进行套网，因此该环节劳动力紧缺现象显著。近年来，很多企业和科研机构致力于自动套网装备的研发，其中烟台梦现自动化设备有限公司研发的水果自动套网机还是非常实用的。

代表机型：梦现苹果自动套网机

该机型由烟台梦现自动化设备有限公司研发，是国内首台应用于苹果自动化套网的智能设备。该机型采用智能光电控制，配置伺服驱动电机，可自动完成识别、套网、计数、输送等作业，精度高，可靠性好，除苹果之外，也可根据果品种类调整作业参数以适应更多应用场景（图 4-35）。

图 4-35　梦现苹果自动套网机

第五章　智慧果园信息化技术

一、智慧果园信息化技术发展现状

智慧果园就是充分利用现代信息技术成果，结合物联网、大数据、人工智能技术，实现果园全面的整体智慧农业解决方案。通过建设先进的物联网监测和控制系统，推进生产现场全面数字化进程，构建标准化农业生产管理体系，可实现统一的标准化农业生产技术指导，全面降低规模化农业生产过程中人工成本、管理成本和技术服务成本，实施科技兴农战略。另外，智慧果园也可认为是智慧农业在果园方面的适时应用。

智慧农业是指以物联网技术为基础的现代农业生产模式，是现代信息技术与第一产业深度融合的结果，也是现代农业发展的必然选择。世界各国将数字化信息技术作为农业创新发展的新动能，纷纷开展技术研发、大数据建设、人才培养等战略部署，如欧美出台的“大数据研究和发展计划”“农业技术战略”等，以及日本出台的“农业发展4.0框架”等，将信息技术广泛应用于农业生产，建立了完善的智慧农业技术体系，实现了高效的农业生产系统，极大地提升了国家农业的国际竞争力。

从技术研究看，美国、澳大利亚和日本等发达国家借助遥感网、物联网和互联网等，将数据采集系统、分析处理系统和高性能技术系统等互联互通，实现大田种植生长环境的多角度、全范围监测。欧盟在作物类型精细识别、农作物农情（苗情、墒情和灾情等）信息快速获取、基于物联网和云技术的农业生产智能服务和决策平台等方面研究取得了大突破，实现了生产决策从原来的主观经验决策到利用智能技术决策的转变。荷兰、以色列设施园艺方面取得了举世公认的研究成果，尤其在植物长势监测、设施环境监管、病虫害预报、精细施肥与灌溉、动态仿真模拟等方面研究处于世界领先地位。

从应用领域看，美国针对果品产业建立了完善的信息监测和服务网络，服务于果品生产管理和精细化耕作以及果园废弃物还田循环利用。英国和法国建立农业大数据体系，促进精准农业发展。荷兰、以色列、德国致力于发展果品智能机械和装备，提供智慧农业综合解决方案。日本50%以上农户使用物联网技术，提高了农业生产效率。美国、日本、新西兰、德国和意大利等以提高产量和降低成本为导向，以提高果农生产效率为目标的采后监测统计、分析决策、智能控制应用处于全球领先水平。

国外学者在农业物联网环境信息监测技术方面研究较早，技术也较为成熟。美国加州大学伯克利分校和英特尔公司成立了智能尘埃实验室，专注于无线传感网络技术发展和应用。2002年，英特尔公司在葡萄园里建立了无线传感网络系统（WSN），使用多种传感器监测影响葡萄生长发育的环境因素。2008年，Rosiek等根据空气温度、空气湿度、太阳光照辐射等环境参数的监测要求，利用无线通信技术对气象等要素进行采集传输到监测中心。系统实现了对现场的控制和对环境数据监测的双重功能。2009年，Ampatzidis等设计了具有多个传感节点的生态园艺传感网络系统，对半干旱穆尔西亚地区空气温度、空气湿度、土壤温湿度、土壤导电率、单位体积含水量和盐度等要素，在水资源灌溉处理和管理方面发挥重要作用，通过作物变化评估作物收获最佳点，并通过评估化肥需求更准确地预测作物性能。2013 年，Majone 等针对意大利阿尔卑斯山山区的果园，采用了一种基于卫星遥感技术的卫星遥感技术，对其地表土壤湿度进行了实时监控，并对其与作物的生理学关系进行了研究，系统以一个完整的传感器节点为基础，实现了对历史数据和实时数据的管理，并与 WSN 的网络进行了连接。2017 年，Mois 等设计了针对于农业环境信息传感器节点无线网络及相关环境参数的监控方法，描述了具体的实施过程，设计的无线传感器网络系统经过测试后，环境数据可通过远程监测平台查看，该研究为我国的物联网技术应用提供了一种新的思路与方法，为实现无线传感网络与智能农业的融合带来新参考。

我国 2012 年开始提出和普及“智慧农业”新概念。近年来，智慧农业研究受到国内科研院校和学者的高度关注，呈现多层次化、多系统化发展。总体来看，我国东部经济发达地区研究热度高，而西部地区的研究热度总体要低。从技术研发看，智慧农业研究核心技术包括感知、传输、分析、控制等方面。在传感器研发看，目前智慧农业应用以物理传感器为主，感知内容包括生长环境、土壤理化、水环境理化以及对象本体等方面。其中温度传感器、湿度传感器、光照强度传感器、CO_2 浓度传感器是使用最广泛的几种传感器。数据的安全高效传输是智慧农业发展的关键，目前智慧农业中的传输方式主要包括有线通信传输、无线通信传输、无线传输与有线传输结合等。围绕数据分析和挖掘，模拟模型、统计分析、聚类分析、决策树、关联规则、人工神经网络、遗传算法等大数据技术开始应用于产量预测、生长过程和环境优化控制等。新兴的云计算具有强大的计算能力，能够最大程度地整合数据资源，提高农业智能系统的交互能力，在智慧农业研究中越来越受到重视。我国智慧农业自动控制系统技术方案主要有基于单片机、基于 PLC 控制系统、基于嵌入式控制系统、基于云平台技术控制系统等。

我国在农业生产活动中对果园环境的智能监控方面也取得了一定成效。詹宇等采用单片机作为数据中心，利用移动通信技术实现数据的无线传输，以大气、土壤水分为主要数据源，实现了农作物的环境参数实时监控。主要由温度采集模块、湿度等环境参数检测部分组成，用串口通信技术把采集到的信号送至上位机处理并显示出结果，最后由上位机软件对采集的数据报表进行分析。刘路尧等基于单片机控制芯片和果园环境监控系统实现自动采集，把数据存储在数据库中。该系统的主要功能是将所采集到的数据经由物联网网络传送至主节点，并将采集到的数据通过网络传送至服务器资料库。周东蕴等采用 GPRS-Zigbee 技术，利用 Zigbee 进行远程果园环境监测，将监测结果以 GPRS 方式传送至 GIS，最终根据 DSP 平台的命令来控制节点的开关开闭，从而达到对果树最佳的生态调控效果。刘力宁等设计了针对苹果生长环境监测与苹果冻害预警系统研究，解决了传统环境监测流程复杂、实时性能差等缺点。通过对苹果的智能物联网系统的开发，可以全面地了解苹果的生长状况和周围的生态状况；利用 4G、Wi-Fi、有线网络等各种数据传送手段，保证了数码、影像资料的安全传输；该系统采用了图形显示界面，能较好地反映果树生长状况和病害动态，能有效地进行果园管理，提高产量。杨东东等以 ARM 处理器为核心，设计和开发了一种由终端数据采集在农业信息方面应用的遥感监测系统。该系统能够采集、存储、处理、无线传送农业生产过程中的各类天气、农业生产的影像等，极大方便了专业人员的处理和分析，节约了大量的工作时间。

我国智慧果园起步较晚，从生产性、商品性、营利性和组织性方面看，由于技术装备成本高、市场不成熟、规模化和标准化程度低等原因，当前智慧果园尚未真正实现产业化。

我国是农业大国，而非农业强国。近 30 年来果园高产量主要依靠农药化肥的大量投入，大部分化肥和水资源没有被有效利用，导致大量养分损失甚至造成环境污染。我国农业生产仍然以传统生产模式为主，传统耕种只能凭经验施肥灌溉，不仅浪费大量的人力物力，也对环境保护与水土保持构成严重威胁，对农业可持续性发展带来严峻挑战。标准化智慧果园的构建，可以利用实时、动态的农业物联网信息采集系统，实现高效、多维度的果园信息实时监测，并在信息与种植专家知识系统基础上实现果园的智能灌溉、智能施肥与智能喷药等作业环节自动控制，对加快农业现代化进程具有深远的影响。

从果品生产不同的阶段来看，无论是从种植的准备阶段、果园管理阶段，还是果品的采收阶段，都可以利用物联网技术来提高工作效率和管理精细化程度。

（1）在种植的准备阶段，可以在园区里面构建局域网，布置多种传感器，分析实时的多源信息，计算地块区域布局和品种选择，从而形成科学合理的种植规划。可以用物联网的技术手段采集温度、湿度、光照等信息，进行精细化管理，从而及时应对环境的变化，保证植物育苗在最佳环境中生长。

（2）在果园管理阶段，可以实时监测果树的生长环境信息、养分信息和作物病虫害情况。通过实时的数据监测结合果树的生长周期模型，配合控制系统调整作物生长环境，改善作物营养状态，及时发现果树的病虫害暴发时期，配合全程化智能农机装备的应用，维持果树最佳生长条件，对果树的生长管理有非常重要的作用。

（3）在果品的采收阶段，也可以利用智能化技术，预估产量、高效采收、精准分级、科学保鲜、适时上市，从而在采收阶段进行更精准的管控，提高农业经营收益。

二、果园数字化监测系统

基于物联网的智慧果园数字化监测系统，通过物联网技术中的感知设备来感知果树生长过程中的一些信息，例如生长环境变化、管理变化等信息。随后将收集到的信息进行处理分析，传递给应用端，给技术管理人员提供科学合理的管理方法，提高果树产值，实现果品优质以及安全可靠等目标。

果园数字化监测系统中，物联网技术主要有两个方面的应用。第一，物联网监测功能。利用各类传感器获取果树生长环境信息，如监测土壤水分、土壤温度、空气温度、空气湿度、光照强度、植物养分含量、土壤 pH 值、电导率等。通过数据采集系统接收无线传感汇聚节点发来的数据，并实现数据信息存储、显示和管理，以直观的图表和曲线的方式显示给用户，并根据以上各类信息的反馈对果园进行自动灌溉、自动施肥、自动喷药等自动控制。第二，物联网信息传输功能。果园中安装的设备对信息进行及时处理，然后反馈到监管中心，它以智能手机或者计算机接收到的信号为主，通过 4G/5G 网络或者部署的局域网络传输，这有利于管理人员随时随地进行远程监控，提高了果园的管理效率。

（一）气象环境监测系统

实时监测果园空气温度、空气湿度、光照、降水量、风速、风向、大气压力、气体浓度等地面气象信息；同时，结合由中国气象局卫星实时采集的气象数据，提供未来72h气象预报，实现局部地区未来24h气温、降水概率、大风、极端天气等异常气象预警。

常见传感器有以下四种。

（1）数字式温湿度传感器。就是能把温度物理量和湿度物理量，通过温度、湿度敏感元件和相应电路转换成方便计算机、智能仪表等数据采集设备直接读取数字电信号的设备。

（2）光电式风向传感器。风向传感器是以风向箭头的转动探测来感受外界的风向信息，并将其传递给同轴码盘，同时输出对应风向相关数值的一种物理装置。光电式风向传感器采用绝对式格雷码盘作为基本元件，并且使用了特殊定制的编码方式，运用光电信号转换原理，可以准确地输出对应的风向信息。

（3）风杯式风速传感器。这是一种十分常见的风速传感器，感应部分由3个或4个圆锥形或半球形的空杯组成，空心杯壳固定在互成120°的三叉星形支架上或互成90°的十字形支架上，杯的凹面顺着一个方向排列，整个横臂架则固定在一根垂直的旋转轴上，可根据风杯的转速（每秒钟转的圈数），确定风速的大小。

（4）超声波雨量传感器。雨量传感器用于监测降水量和土壤湿度，以便精确控制灌溉水量，有助于确保植物得到足够的水分，从而提高农作物产量并减少水资源浪费。超声波雨量传感器是利用超声波的反射原理来测量降水量的。传感器中包含了一个发射器和一个接收器。当超声波被发射器发出时，如果遇到雨滴，超声波会被反射回来，并被接收器捕捉到。通过测量反射时间和信号的强度，就可以计算出雨滴的大小和数量，从而得到降水量。

（二）土壤墒情监测系统

实时精准监测土壤水张力、土壤温度、土壤湿度、水位、溶氧量、pH 值等信息，同时通过对数据进行管理分析，可实现土壤墒情预警，为生产人员掌握土壤信息、迅速作出生产决策提供大量的数据支撑。

常见传感器有以下几种。

（1）光学传感器。该传感器使用光来测量土壤特性，在近红外、中红外和偏振光谱中测量不同频率的光反射率，可以放置在诸如无人机甚至卫星之类的车辆或高空平台上测量下方的土壤。土壤反射率和植物颜色数据只是光学传感器的两个变量，可以进行汇总和处理。目前光学传感器可以用于测量土壤中黏土、有机物和水分的含量。例如，Vishay 提供了数百个光电探测器和光电二极管，这是光学传感器的基本构件块。

（2）电化学传感器。该传感器可提供精密农业所需的关键信息：pH 值和土壤养分水平。传感器电极通过检测土壤中的特定离子来工作。

（3）介电土壤湿度传感器。该传感器通过测量土壤中的介电常数（电特性随存在的水分含量而变化）来评估土壤中的水分含量。

（4）气流传感器。该传感器用来测量土壤的透气性。测量可以在单个位置进行，也可以在运动时动态进行。可输出的是将预定量的空气以预定深度推入地面所需的压力，各种类型的土壤特性，包括压实度、结构、土壤类型和湿度，都会产生独特的识别特征。

（三）智能水质监测系统

通过传感器实时监测水质的溶解氧、液位、水温、水压、余氯、氨氮、浊度等信息，支持对溶解氧等各类监测数值设置合理区间和上下限阈值，超限自动进行预警，并启动增氧机等设备，综合视频监控水域情况。各个采集节点所采集的数据将自动整理分析以表格、曲线图、柱状图的方式展现和存储，用户可通过计算机、手机远程实时查看数据并随时追溯历史数据，实现全程实时环境监测。

常见传感器有以下几种。

（1）溶解氧传感器。溶解氧传感器是一种用于测量氧气在水中溶解量的传感设备。待测溶液中的氧气分子透过传感器的选择性膜，在传感器内部的阴极和阳极上发生相应的还原或氧化反应，同时产生电流信号，电流大小与溶解氧浓度成正比，通过电流大小就可以判断出溶解氧的浓度。

（2）pH 水质传感器。pH 水质传感器是用来检测被测物中氢离子浓度并转换成相应的可用输出信号的传感器。待测溶液中的氢离子通过与传感器的电极发生作用而产生电压信号，且电压的大小与氢离子浓度形成一定的比例关系，通过测量电压信号的大小即可得到溶液相应的 pH 值。

（3）余氯传感器。余氯是指水经过加氯消毒，接触一定时间后，除去一些与微生物及细菌发生反应后，水中所剩余的氯称为总余氯，亦称总氯，包含综合性余氯和游离性余氯，而大众通常所说的自来水中的余氯值指的是游离性余氯。

三、果园病虫害防控系统

果园病虫害绿色防控系统不仅是降低病虫害的有效方法，更是贯彻果业绿色发展的重要举措。当前我国农药不合理使用问题突出，单位面积农药使用量是欧美发达国家的 2 倍多，而利用率仅有 30%左右，远低于发达国家农药利用率，造成了极大的环境污染问题。果园病虫害绿色防控系统通过对果园病虫害实时监测，可及时识别分析并发出预警，进行适时适量用药，大大增加了农药利用率。

（一）智能虫情测报系统

在监测区域内安装智能虫情测报系统，该系统主要由害虫诱捕灭杀装置、高精度摄像机、数据采集器和通信模块等组成。在无人监管的情况下，可自动完成诱虫、杀虫、拍照等系统作业，精准采集测定果园害虫和数量，实现精准用药，降低农药使用量，也能满足虫情预测预报及标本采集的需要。该系统通过系统设置或者远程网络控制自动拍照并将现场拍摄照片传至监测平台，平台整理计算数据，形成数据库，以供农业专家远程诊断。

（二）智能孢子捕捉仪

该设备主要由孢子捕捉装置、孢子承载装置、图像采集装置、网络传输模块、电源与防雷系统组成。该设备利用现代光电数控技术，远程收集空气中散落的孢子及花粉，对其进行拍照和图片信息管理，并分析获得数据，该系统主要用于检测病害孢子存量以及扩散动态，为预防病害流行提供可靠数据。可根据生产需要，实时对孢子病害情况上传到指定网络平台，专业分析人员可在平台对每个时间段内收集到的孢子进行分类与统计，形成孢子测报数据库，供专家远程分析与预测。

（三）病虫害物联网监控设备

病虫害物联网监控设备由摄像、传输、控制、显示、存储五大部分组成。根据生产实际需求，在指定区域安装固定式摄像机和360°远红外摄像机各一套，用户通过视频系统可清晰直观地实时查看病虫害发生情况，并对突发性异常事件的过程进行及时监视和录像。

（四）病虫害预警系统软件

病虫害预警系统软件以可视化的形式直观地展示指定区域的种植情况、设备分布及环境监测数据概览，基于智能算法、数据分析等，根据智能虫情测报系统、智能孢子捕捉仪以及病虫害物联网监控设备采集到的信息进行综合分析，提供专业可靠的环境实时监测、异常传感数据报警、设备远程控制、数据分析应用等服务，为农业生产管理者在果园开展科学种植提供有力的数据支撑。

四、水肥一体化灌溉系统

水肥一体化技术是将灌溉与施肥融为一体的农业新技术。水肥一体化是借助压力系统（或地形自然落差），将可溶性固体或液体肥料，按土壤养分含量和作物种类的需肥规律，将配制好的肥液与灌溉水一起，通过可控管道系统供水、供肥，使水肥相融后，通过管道、喷枪或喷头可做到均匀、定时、定量地灌溉在作物发育生长区域，使主要发育生长区域土壤始终保持疏松和适宜的含水量，同时根据不同的作物的需肥特点、土壤环境和养分含量状况、需肥规律情况进行不同生育期的需求设计，把水分、养分定时定量，按比例直接提供给作物。标准化智慧果园应用水肥一体化灌溉系统是十分必要的，该系统对土壤墒情和作物生长实时监测，对灌区灌溉用水进行监测预报，实行节水灌溉智能化、水肥一体化管理。系统能够自动检测是否应该工作，是否开启灌溉，灌溉多久，灌溉量多大，从而自行开展灌溉作业。系统由水肥一体机、水泵、过滤系统、施肥机、田间管路、电磁阀控制器、电磁阀、环境与墒情数据采集系统、物联网云平台等组成。利用先进的压力灌溉系统，将肥液与灌溉水按需配比，一体化精准且均匀地输送到作物根部，节水节肥30%~50%，同时借助远程控制技术，实现无人值守自动灌溉，节约人力成本50%以上。

智慧果园灌溉系统（图5-1）可实现以下功能：对灌溉区域进行远程压力监测，实现水泵变频控制，系统实现恒压灌溉；水泵可远程和本地化控制，PC/APP可实时查看水泵运行状态；水肥一体机根据监测的EC、pH值进行水肥配比调节；灌溉区域可实现远程定时定量灌溉控制；灌溉区域进行多处土壤水分含量测量，根据土壤含水量实现自动灌溉控制；物联网云平台可实时查看水泵、水肥一体机、电磁阀等设备运行状态；物联网云平台可对灌溉信息进行数据分析并导出报表。

（一）水源系统

江河、渠道、湖泊、井、水库等只要水质符合灌溉要求，均

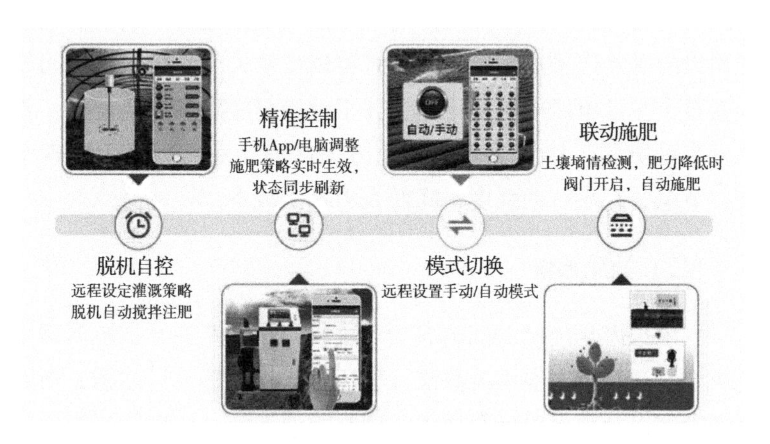

图 5-1　智慧果园灌溉系统

可作为灌溉的水源。为了充分利用各种水源进行灌溉，往往需要修建引水、蓄水和提水工程，以及相应的输配电工程，这些统称为水源系统。

（二）首部枢纽系统

首部枢纽系统主要包括水泵、过滤器、压力和流量监测设备、压力保护装置、施肥设备（水肥一体机）和自动化控制设备。首部枢纽担负着整个系统的驱动、监控和调控任务，是全系统的控制调度中心。水肥一体机系统结构包括控制柜、触摸屏控制系统、混肥硬件设备系统、无线采集控制系统。支持 PC 端或手机端实时查看数据以及控制前端设备；系统由上位机软件系统、区域控制柜、分路控制器、变送器、数据采集终端组成。通过与供水系统有机结合，可实现智能化监测、控制灌溉中的供水时间、施肥浓度以及供水量。变送器（土壤水分变送器、流量变送器等）可实时监测灌溉状况，当灌区土壤湿度达到预先设定的下限值时，电磁阀可以自动开启，当监测的土壤含水量及液位达到预设的灌水定额后，电磁阀系统可以自动关闭。可根据时间段调度整个灌区电磁阀轮流工作，并手动控制灌溉和采集墒情。整个系统可协调工作实施轮灌，充分提高灌溉用水效率，实现节水、节电，减小劳动强度，降低人力投入成本。

（三）施肥系统

水肥一体化施肥系统由灌溉系统和肥料溶液混合系统两部分组成。灌溉系统主要由灌溉泵、稳压阀、控制器、过滤器、田间灌溉管网以及灌溉电磁阀构成。肥料溶液混合系统由控制器、肥料罐、施肥器、电磁阀、传感器、混合罐、混合泵组成。

（四）输配水管网系统

输配水管网系统由干管、支管、毛管组成。干管一般采用PVC管材，支管一般采用PE管材或PVC管材，管径根据流量分级配置，毛管多选用内镶式滴灌带或边缝迷宫式滴灌带；首部及大口径阀门多采用铁件。干管或分干管的首端进水口设闸阀，支管和辅管进水口处设球阀。输配水管网的作用是将首部处理过的水，按照要求输送到灌水单元和灌水器，毛管是微灌系统的最末级管道，在滴灌系统中为滴灌管，在微喷系统中，可在毛管上安装微喷头。

（五）阀门控制器

阀门控制器是接收由田间工作站传来的指令并实施指令的下端。阀门控制器直接与管网布置的电磁阀相连，接收到田间工作站的指令后对电磁阀的开闭进行控制，同时也能够采集田间信息。电磁阀是控制田间灌溉的阀门，由田间节水灌溉设计轮灌组的划分来确定安装位置及数量。

（六）灌水系统

微灌灌水流量小，一次灌水延续时间较长，灌水周期短，可精确控制灌水量，能把水和养分直接地输送到作物根部附近的土壤中。

从实际应用和反馈来看，采用水肥一体化系统对种植区域的水肥环境进行科学优化管理，实现了精准浇水施肥，提高了果品质量和产量，同时也节省了大量的人力、水资源和肥料。通过水肥一体化控制系统的示范性应用，农业工作者充分认识到了现代科技对于农业生产所带来的助力作用，也认可系统的节本增效效果，为后续大力推广智能装备技术奠定了重要的基础，有助于加快推进农业现代化发展，改善传统农业存在的诸多弊端，实现绿色发展与增产增效同步推进。

五、生产经营管理系统

农业生产具有地域性、季节性、专业性、复杂性等特点，不同的农产品具有不同的生产管理流程，且不同的生产管理者往往又有不尽相同的生产管理办法，为了实现果园生产管理专业化、标准化、智能化，提高生产管理的效率，需要利用大数据、云计算、智能控制等先进技术，对工作人员、投入物资、农业机械、生产活动、销售活动进行统一管理，智能分析、监管苹果生长状况、果园收入支出情况、预测果园产量等。简单来说，就是对农场全生产流程的每个环节进行信息化、智能化管理，从而形成果园生产全程信息化管控。

（一）果园基础信息管理

果园基础信息管理包括地块管理和作物管理，依托三维地理信息，集中展示果树品种、批次、产地、时间等信息，结合果树种植面积、果园气象信息、地块图集、土壤信息等，提供种植规划，并为其他功能提供基础数据支撑。

（二）人员管理

人员管理包括人员信息管理和任务管理。人员信息管理系统具备管理果园内工作人员信息功能，工作人员分为固定人员和临时人员，分别记录人员姓名、性别、年龄、费用等基本信息，可以统计人员用工量。任务管理系统用于工作任务发布与跟踪，基地技术管理员可以在系统中发布工作任务，确定任务执行人，并向执行人提出详细的工作要求，包括工作时间、现场图片、地理位置等，任务一旦创建，系统将同时通过手机将任务推送给指定人员，并跟踪人员对任务的响应与执行情况。在任务执行过程中，工作人员随时反馈存在的问题以及任务完成情况，包括拍照汇报、农事汇报、施肥汇报、病虫害汇报，形成农事日志，管理人员可以随时随地通过手机了解任务进展，查看现场图片，并与工作人员沟通交流。

（三）生产管理

生产管理包括种植管理、灌溉管理、施肥管理、用药管理、采收管理、种植辅助等。例如，施肥管理通过系统对每种肥药物资进行信息化管理，可实时准确记录农资投入品的出入库，可对投入品最高库存值与最低库存值进行预警，管理人员可以实时掌握物料使用情况，及时采取相应农事行动。肥料信息主要记录厂家、品牌、生产日期、库存量。支持对基地的农药化肥施用情况进行统计分析，根据间隔时间、使用频率、使用量等统计对比，帮助用户分析农药化肥施用对生产成果的影响。采收管理用于果品收获时收集信息，将地块名称、果品种类、收获数量、收获时间、负责人信息录入系统。种植辅助主要是在生产过程中系统根据作物类型推送相关产业咨询、病虫害防控知识，结合地块定位信息，推送天气预警等资讯。

（四）设备机具管理

设备机具管理指对园中各类机械设备进行统一管理，记录设备的名称、厂家、主要参数、使用时间、使用区域、维修次数、维修时间、设备负责人，还可以实时监测设备的作业情况，在地图上根据编号实现快速定位。

（五）农产品营销管理

通过农产品营销管理系统可以获得某类水果在全国各个城市的市场份额、运转周期、库存情况等，能够更加科学、精准地进行销售指导。销售管理系统还可以记录管理果品销售的时间、地点、数量、批次、品质、价格、配送方式、运输费用、销售地区、包装形式、客户类型等信息。可进一步集成电子商务平台和自媒体推广平台，充分利用信息化手段扩大营销渠道。并可关联拓展农业文旅项目，包括数字多媒体展厅、民宿管理、研学策划、活动预约、资讯推送、导游路线、应急联动和指挥调度等相关功能。

六、果品质量追溯系统

随着经济的高速发展，农产品的质量问题越来越受到消费者的关注，国家对农产品的质量安全把控也越来越严格。随着人民对农产品质量追溯意识的提高，果品的追溯管理系统得到了迅速发展。

果品质量追溯系统以现代信息化手段为基础，结合先进的物联网技术，对果园的产地环境、农业投入品、农事生产过程、质量检测、加工储运等质量安全关键环节进行数字化管理，通过“一物一码”技术，实现农产品的全程可追溯。同时帮助农业生产和流通企业实现产品防伪鉴真，并精准获取客户分布数据，助力农产品营销。

（一）果品档案信息

建立农产品档案信息，包含果树品种信息、果树种植信息等，通过物联网技术，可自动采集产地环境数据、农事生产数据，并结合视频监控，实现全生产过程的可视化管理。自动采集的数据上传到系统后，可以自动生成农产品溯源档案，最大程度保证档案真实可信。

（二）生长过程信息

通过物联网技术，在果园安装温湿度传感器、光照传感器、气体浓度传感器、水质检测仪等设备，可自动实时采集果树生长环境数据、土壤墒情数据、水质水体数据、病虫害数据、农药使用数据、农事生产行为数据等，并结合视频监控，最终实现全生产过程的可视化追溯。

（三）采收存储信息

记录果品收获时间、采收人员、采收机具、采收记录等信息。通过与冷库或者其他存储设施的信息采集装置进行对接，记录储存时间、地点、来源、数量、质量、储存条件等信息，采集的信息只读不可编辑，确保果品储存环节的信息真实并可追溯。

（四）检测认证管理

将果品的检测结果及获得的质量认证信息进行登记，记录检测时间、检测批次、检测人员、检测机构、检测结果等。可通过与检测认证机构进行信息互通，实时在线查询相关检测信息、下载电子检测报告。

（五）加工配送管理

加工配送系统主要记录果品加工过程、加工工厂情况，可以结合加工厂监控视频记录加工过程，将加工过程图片与视频上传至终端服务器，做到加工过程可追溯。通过记录配送的物流信息，并结合配送车的冷链信息系统，实现配送全程可视化管理。

（六）标签管理

追溯系统为每一件商品对应生成唯一的二维码，相当于独立的防伪溯源信息，意味着每一件商品都贴上了独有的“身份证”，实现一物一码。用户使用手机扫描或者其他扫码设备扫描果品包装上的二维码，即可快速通过图片、文字、视频等方式，查看农产品从田间生产、加工检测到包装物流的全程溯源档案信息。标签系统可以跟踪统计每一件农产品的扫码数量、扫码地域分布等数据，实时监控农产品市场动态，帮助生产者迅速调整市场销售方向和策略。

七、果园大数据平台

大数据是数据科学的一个分支，是将数据科学原理与计算机科学、软件科学以及互联网科学交叉融合的新兴学科。“大数据+农业”将给农业产业带来颠覆性的变革，给农业产业在各个环节提供强有力的数据支撑，有助于构建高产、优质、高效的现代农业生产模式和技术体系。

果园大数据平台是以实现数据驱动生产管理信息化、生产作业智能化及经营服务在线化为目标，建设智慧果园大数据中心，对农业生产经营主体、耕地分布及使用情况、生产投入品信息、农业生产监测、农产品供应链全环节所涉及的各类物联网时序数据、关系型业务数据、感知识别数据以及各类文本、图片、视频等非结构化数据进行集中接入与分类存储，结合果园实际管理与生产经营需要对数据进行按需发布与共享，为产业区域优化、果园生产精准决策、各生产经营主体行为分析等不同尺度下的应用提供基于智慧果园农业大数据的分析服务。

大数据平台可构建农业生产基础资源、农业生产过程、农资投入信息、农机装备应用以及涉农服务等专题数据库，实现各类相关数据统一归类整理、入库、查询与发布。目前可参考部署边-端-云架构，采用基于 MPP 的新型数据库集群技术，应用分布式计算方式，实现对分析类应用的支持，以 Hadoop 为主扩展出有关的大数据处理技术，可更加有效地处理半结构化、非结构化的数据挖掘、清洗、封装等。果园应用可涵盖环境在线监测、远程灌溉控制、视频监控、病虫害防控、农事作业规划、投入品分析及智能装备自主作业管理等功能，将不同地域果园的全要素数据整合并以可视化的形式展现出来，可以用积累的大数据进行科学分析预测，真正实现精准农业，达到合理利用果园资源，降低生产成本，改善生态环境，提高果品质量的目的。

未来我国智慧果业将会朝着进一步精细化、智能化、集约化、科学化方向发展，进一步促进农产品提质增效。科技赋能助力乡村振兴，在遵循传统农耕的自然规律和精髓的前提下，大力推进果园生产全程机械化，是发展现代果业的重要技术基础和实施乡村振兴战略的重要支撑，在推动农业提质增效、实现农民增收、加快农业现代化发展等方面有着重要意义。

参考文献

刘力宁，2020.基于物联网的苹果生长环境监测与苹果冻害预警系统研究［D］. 泰安：山东农业大学.

刘路尧，2019.设施樱桃环境监测与服务系统设计与实现［D］. 杨凌：西北农林科技大学.

佚名，2016. 日本智慧农业发展现状［J］. 农业工程技术，36（12）：56-57.

詹宇，胡佳宁，李东明，等，2019. 基于PLC的自走式打捆机控制系统设计［J］. 黑龙江畜牧兽医（17）：113-116.

周东蕴，2020.基于ZigBee无线传感器网络的环境监测系统实现［D］. 哈尔滨：哈尔滨工业大学.

周国民，丘耘，樊景超，等，2018. 数字果园研究进展与发展方向［J］. 中国农业信息，30（1）：10-16.

AMARA J，BOUAZIZ B，ALGERGAWY A，2017.A Deep Learning-based Approach for Banana Leaf Diseases Classification［C］. BTW (Workshops)：79-88.

MAJONE B，VIANI F，FILIPPI E，et al，2013.Wireless Sensor Network Deployment for Monitoring Soil Moisture Dynamics at the Field Scale［J］Procedia Environmental Sciences，19（6）：426-435.

MOIS G，FOLEA S，SANISLAV T，2017. Analysis of Three IoT-Based Wireless Sensors for Environmental Monitoring［J］. IEEE Transactions on Instrumentation and Measurement，66（8）：1-9. DOI：10. 1109/TIM. 2017. 2677619.

PICON A，ALVARE-GILA A，SEITZ M，et al，2019.Deep Convolutional Neural Networks for Mobile Capture Device-Based Crop Disease Classification in the Wild［J］. Computers and Electronics in Agriculture，161：280-290.